普通高等教育机器人工程系列教材

基于ROS的智能机器人控制

孙 涛　刘送永　王奉涛　主编

U0376148

化学工业出版社

·北京·

内容简介　　本书是智能机器人ROS控制理实一体化教学的配套理论教材，主要面向新型工业化时期智能及高端装备制造领域，结合新工科复合型专业技术人才综合能力培养的教学诉求，并融入作者十余载对基于ROS的移动机器人开发实践及教学经验编写而成。

全书共12章，讲解有关基础编程、运动模态、机械臂控制、SLAM地图构建、自主导航等多种功能原理与实践应用，并配有图表、代码、参数设置等多种信息，帮助读者在实现ROS核心功能的同时深入了解基于ROS系统的移动机器人开发。各章下设学习目标、学习导图、知识讲解、本章小结和知识测评等环节，促进ROS理论学习与实践应用相结合，促进读者的知识学习、能力训练及素养提升。

本书内容丰富、结构清晰、形式新颖、术语规范，既适合作为普通高等本科院校机械类、电子信息类、自动化类等与智能制造密切相关专业的教材，还可供企业及机器人联盟和培训机构的相关技术人员参考。

图书在版编目（CIP）数据

基于ROS的智能机器人控制 / 孙涛，刘送永，王奉涛主编． -- 北京 : 化学工业出版社，2025. 1. -- （普通高等教育机器人工程系列教材）． -- ISBN 978-7-122 -46785-0

Ⅰ. TP242.6

中国国家版本馆CIP数据核字第2024U6X208号

责任编辑：于成成　李军亮
文字编辑：侯俊杰　温潇潇
责任校对：田睿涵
装帧设计：王晓宇

出版发行：化学工业出版社
　　　　　（北京市东城区青年湖南街13号　邮政编码100011）
印　　装：三河市航远印刷有限公司
787mm×1092mm　1/16　印张13¼　字数296千字
2025年1月北京第1版第1次印刷

购书咨询：010-64518888
售后服务：010-64518899
网　　址：http: // www.cip.com.cn
凡购买本书，如有缺损质量问题，本社销售中心负责调换。

定　　　价：49.00元　　　　　　　版权所有　违者必究

《基于 ROS 的智能机器人控制》
编写人员

主　编　孙　涛　刘送永　王奉涛

副主编　杨向君　郑才国　兰　虎

参　编　武时会　刘佳男　张春涛　张纪伟　张　宝　邵金均

主　审　温建明

前言

我们正经历着一场新的科技革命和产业变革，这场浪潮正在重塑全球经济结构和竞争格局。机器人技术，作为推动先进制造业和现代服务业发展的关键工具，不仅为实体经济的高质量发展提供了关键动力，也成为了全球众多国家战略部署的关注焦点。为此，我国出台了一系列机器人产业专项政策，如《"十四五"机器人产业发展规划》《"机器人+"应用行动实施方案》等，这些政策涉及机器人关键技术研发、生产制造、下游应用等各个环节，为我国机器人产业的发展提供了良好的政策环境。

ROS（Robot Operating System，机器人操作系统）在机器人领域扮演着至关重要的角色。它提供了一个灵活的框架，使得开发者能够构建复杂的机器人应用程序。ROS的模块化设计允许开发者重用代码，加速了研发过程。此外，ROS社区的活跃也为机器人技术的进步提供了丰富的资源和协作平台。随着国家对机器人产业的支持力度不断加大，ROS作为机器人软件开发的标准平台，其重要性愈发凸显，有助于推动机器人技术的创新和应用。

为帮助读者更深入了解ROS这一开源软件平台，掌握相关基础知识与技术，我们结合多年机器人开发经验编写本书。本书主要围绕移动机器人展开，分为3篇。

第1篇：认识移动机器人，包含第1章与第2章，介绍了移动机器人的发展现状、硬件设备与软件支持的组成部分，以及其操作方法，使读者对ROS系统有初步了解。

第2篇：移动机器人原理，包含第3章至第8章，介绍了ROS的版本与安装、核心概念、常用工具以及基础编程等，还阐述了运动模态、机械臂控制、视觉处理的相关知识，使读者对其基础功能有深入认知。

第3篇：移动机器人应用，包含第9章至第12章，介绍移动机器人利用其常用工具与基础功能实现的应用场景，如视觉识别与追踪、地图构建、自主导航、码垛应用等，使读者对其应用前景了然于胸。

本书由天津大学孙涛、中国矿业大学刘送永和汕头大学王奉涛任主编，成都大学杨向君、成都理工大学郑才国、浙江师范大学兰虎任副主编，浙江师范大学温建明担任主审。第1章由孙涛编写，第2章由刘送永编写，第3章由王奉涛编写，第4章由杨向君编写，第5章由郑才国编写，第6章由兰虎编写，第7章由新余学院张宝编写，第8章由重庆人文科技学院武时会编写，第9章由哈尔滨工业大学刘佳男编写，第10章由北方民族大学张春涛编写，第11章由北京启创远景科技有限公司张纪伟编写，第12章由浙江师范大学邵金均编写。全书由孙涛统稿。

本书从目标决策、体系构建、教学设计、案例遴选、形式呈现到合同签订、定稿出版，凝聚了编者大量心血，衷心感谢参与本书编写的所有同仁的呕心付出！特别感谢中国高等教育学会高等教育科学研究规划课题（24CX0102）、江西省高等学校教学改革研究课题（JXJG-22-20-9）、广东省智能制造实验教学示范中心项目、北京启创远景科技有限公司等给予的经费支持！感谢宁波创非凡工程技术研究有限公司、金华慧研科技有限公司等给予的教材资源支持！

由于编者水平有限，书中难免有不当之处，恳请读者批评指正，可将意见和建议反馈至 E-mail：lanhu@zjnu.edu.cn。

编者

目录

第1篇

认识移动机器人

科技走进生活，机器服务人民。智能化时代到来，移动机器人已经变得不可或缺。大家是否曾想过，那些习以为常的机器人可以扮演哪些角色呢？其实为我们提供生活服务的机器人大多是移动机器人，例如，在家中忙碌工作的扫地机器人，在餐厅里提供便捷服务的送餐机器人，等等。

第1章

移动机器人导论

　　移动机器人是一种能够自主移动的机器人，具有环境感知、动态决策、规划、行为控制与执行等功能。移动机器人可以在各种场景下应用，如家庭、工业、医疗、军事等。它们可以自主导航、识别物体、执行任务，甚至可以根据需要进行自我学习和改进。

　　该概念内涵丰富，像自动驾驶汽车、无人机、水下机器人等，这些都可以被视为移动机器人的不同类型。然而，在本书中，主要讨论的是地面上的移动机器人。

　　扫地机器人是目前市场上最受欢迎的移动机器人之一，如图1-1所示，已经被许多家庭作为日常清洁工具使用。这些先进的扫地机器人利用SLAM（simultaneous localization and mapping，SLAM）、路径规划和多传感器融合等技术，同时装备激光雷达、相机、超声波传感器和红外线传感器等多种配件，能够确保在复杂的家庭环境中有效地完成清扫洁净工作。

图1-1　扫地机器人

　　本章立足于移动机器人发展现状，介绍其操作系统的发展史，使学生了解移动机器人的发展脉络与技术体系，为后续学习打下基础。

学习目标

　　（1）知识目标

　　① 熟悉移动机器人的基本概念、发展历史和现状。

② 掌握移动机器人的组成部分和软件结构。

（2）能力目标

① 能够阐述移动机器人的发展历程，比较版本的优劣，培养创新思维。

② 鼓励学生在移动机器人领域进行探索性研究，培养科研素养和创新能力。

（3）素养目标

① 领悟机器人技术发展对推动国家创新驱动发展战略的重要意义。

② 了解政策法规，培养使用和发展机器人的责任意识。

 学习导图

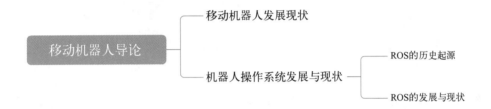

 知识讲解

1.1　移动机器人发展现状

随着时代的进步，机器人大范围移动的需求日益凸显，移动机器人这一分支逐渐崭露头角。

工业移动机器人如图1-2所示，包括AGV（automated guided vehicle，自动导引运输车）和AMR（autonomous mobile robot，自主移动机器人）等是当今移动机器人领域中应用广泛的佼佼者。电商平台利用AMR构建智能化仓库，让商品在自主移动机器人的协助下，以最快的速度完成分拣。在一些生产电子产品的工厂里，它们更是大展身手，替代了原本需要大量人力才能完成的物料搬运工作。这些移动机器人身怀绝技，凭借众多传感器与智

图1-2　工业移动机器人

能算法的完美结合，如动态路径规划、自主躲避障碍物或行人、配合外部设备完成上下料等，应对各种工业场景中的复杂需求。它们的出现，为现代工业带来了革命性的变革，也使生产变得更加便捷与高效。

随着汽车行业的迅速发展，自动驾驶汽车研发逐步开始，这是一种非常典型的机器人系统，如图 1-3 所示。自动汽车驾驶要求在无人操纵下绝对安全，对此，汽车上不仅需要高精度的传感器，还需要复杂的控制算法。凭借多角度的相机、精密的雷达，以及超声波传感器，再现周围环境的三维实景，这一创新技术不仅能精准捕捉路面上匆匆的行人、繁忙的车辆，以及交通指示灯的微妙变化，而且能够灵巧地完成超车、会车、跟车、转向等高难度动作。当突发的交通状况出现时，它更以迅雷不及掩耳之势作出反应，安全避让，保持稳定的行驶状态，直至最终稳稳地停入停车位，为用户的安全护航。

图1-3　自动驾驶汽车

如今，移动机器人的研究已扩展至诸多更复杂场景下的应用，其智能化水平不断提高。

① 环境的感知与建模。这是移动机器人在陌生环境中的一项关键技术。通过使用多个相机、雷达、超声波传感器等设备，机器人可以实时构建周围环境的三维信息，并快速熟悉环境，以便顺利开展工作。该技术广泛应用于搬运、扫地等机器人。

② 定位与导航。这是移动机器人的基本技能，对于机器人在复杂场景中的自主移动至关重要。在实现这一行为时，不仅要考虑静态设定的路径，更需要考虑如何应对货架位置变化、突然出现的行人等可变因素对机器人定位与导航的影响。

③ 环境理解。对于移动机器人来说，理解环境是一个非常困难的问题。由于人类生活环境的复杂性，机器人需要具备在有限的环境信息中精准识别物体和判断操作的能力，例如在咖啡店中精准识别客人或通过已知的图像推理出看到的物体是什么，以及如何进行操作等。

④ 多机器人协同。随着未来多样化机器人的存在，如何实现多个机器人之间的协同通信和交互成为了一个重要研究领域。这涉及多个机器人之间的沟通、协调和调度，例如自动驾驶汽车在街上的行驶、大型全自动化智慧码头等。

⑤ 人机交互。人类钻研科技，科技服务民生。为使机器人更好服务于人类，提升移动机器人与人的交互能力十分重要，这包括语音沟通、肢体或表情识别等方面，以便机器人更好地理解人类的指令和需求。

1.2　机器人操作系统发展与现状

移动机器人是一个复杂系统，其通过多种传感器感知环境信息，并使用一个大脑进行动态决策和规划各种功能。此外，还需要一系列驱动装置来控制执行设备，完成大脑下发的指令。为了提高这一复杂系统的开发效率，2007 年斯坦福大学的一群有志青年尝试给出一种解决方案——机器人操作系统（robot operating system，ROS），以便更高效地开发和管理移动机器人。

经过十几年的科研沉淀，技术更迭，机器人操作系统已经成为机器人开发研制的必备工具。

1.2.1　ROS 的历史起源

2007 年，一些斯坦福大学的学生提出了一个富有挑战性的设想：是否可以制造一款个人服务机器人，代替人类完成日常清洁、洗衣做饭等家务，或许在用户感到无聊时，它还可以陪用户聊天解闷。

他们深知开发一款这样的机器人绝非易事，涉及机械工艺、电路设计、软件开发等多个复杂领域，需要横跨多个专业领域的知识。这绝非一人之力所能完成。于是，他们萌生了一个新的想法：为何不集结众人之力共同研发呢？如果设计出一套标准的机器人平台和应用软件，那么所有人都可以在这个统一的平台上进行应用开发。这样，由于所有的应用软件都基于同一平台，大家就可以共享开发者提供的应用软件。

经过努力，他们真的成功地开发出了这样一款机器人。建设初期，机器人的原型是用实验室里能找到的木头和一些零部件拼凑而成。后来，在获得了充足的资金支持后，这款机器人的外观变得更加精致，性能也更为强大。它就是 Personal Robot 2（PR2），如图 1-4 所示。

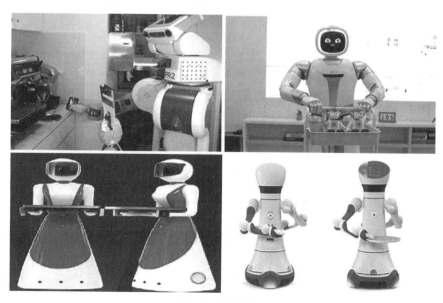

图1-4　PR2机器人

PR2机器人具备多种复杂的功能，它可以折叠毛巾、整理头发、护理衣物、制作早餐等。以折叠毛巾为例，这在当时引起了机器人领域的轰动，因为它是首款能够处理柔性物体的机器人。虽然它的效率还有待提高，但在学术层面上，这一成果极大地推动了机器人技术的发展。

PR2中的软件框架是ROS的雏形，正是由于这款个人服务机器人，ROS逐渐为人们所熟知。很快，ROS从PR2中独立出来，成为更多机器人所使用的软件操作系统。

1.2.2　ROS的发展与现状

ROS的发展历程如图1-5所示。ROS的诞生可以追溯到2007年的斯坦福大学，当时PR（personal robot，个人机器人）机器人项目在Willow Garage公司的支持下迅速发展。到了2010年，第一批20台PR2机器人正式落地，Willow Garage为这些机器人颁发了结业证书，举办毕业典礼，并将这款机器人的软件正式命名为机器人操作系统（ROS）。同年，ROS正式开源，旨在让更多人能够使用并参与到ROS的开发中。

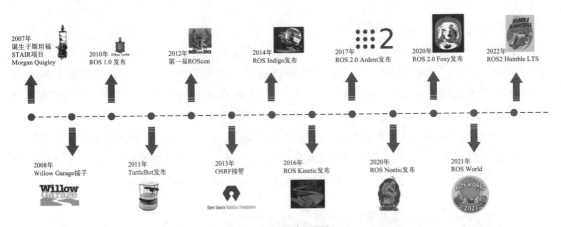

图1-5　ROS的发展历程

然而，要让ROS真正普及开来并非易事。PR2机器人的高昂成本成为了其普及的障碍。为解决这一问题，Willow Garage于2011年推出了性价比更高的TurtleBot机器人。这款机器人采用了扫地机器人的底盘和体感传感器Kinect，用户只需一台笔记本电脑即可进行控制。TurtleBot支持ROS的众多开源功能，而且价格更为亲民。随着TurtleBot的普及，ROS的应用也得到了进一步的推动。

从2012年开始，ROS的使用者数量开始迅速增长。为了更好地汇聚全球的ROS开发者，ROS官方开始每年举办一届ROS开发者大会——ROS Conference（ROSCon）。这场盛会吸引了来自世界各地的开发者，分享他们使用ROS开发的机器人应用。亚马逊、英特尔、微软等大公司也纷纷参与其中，众多参与者使得ROSCon成为ROS一年一度的盛事。

在经历了几年快速的发展后，ROS逐渐进入稳定迭代期。从2014年开始，ROS跟随Ubuntu系统每两年推出一个长期支持版本，每个版本支持五年时间。这一策略确保了ROS自身的变动不会频繁导致上层应用出现问题，从而加快了其普及的步伐。2016年的

Kinetic版本、2018年的Melodic版本以及2020年的Noetic版本见证了ROS逐步进入稳定迭代周期。ROS机器人应用典型案例如图1-6所示。

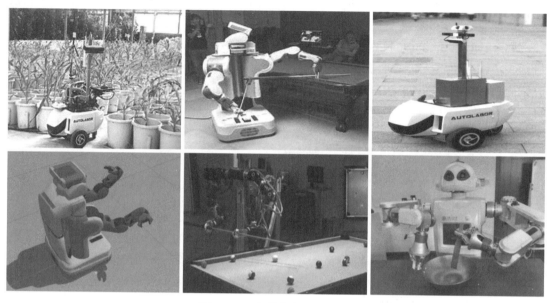

图1-6 ROS机器人应用典型案例

ROS作为一个专为机器人研发设计的框架,其特点在于提供了一套灵活、高效的机器人软件开发环境,支持多语言编程,拥有强大的社区支持,并且具备高度的可扩展性和模块化特性。

① 分布式框架。ROS采用点对点设计,使得机器人的各个进程(节点)可以独立运行,这样的分布式结构便于模块化的修改和升级,同时也提高了系统的容错能力。

② 多语言支持。ROS支持多种编程语言,包括C++和Python,以及Lisp、C#、Java等语言。它使用一种语言中立的接口定义语言来实现模块间的消息传递,这使得不同语言编写的代码可以在同一个项目中协同工作。

③ 拥有活跃的开源社区。ROS拥有一个庞大的社区和丰富的文档资源,如ROS Wiki,这为开发者提供了便利的学习和支持平台。社区中共享的软件包和机器人项目数量庞大,有助于推动技术的快速迭代和发展。

④ 架构精简和工具包丰富。ROS集成了许多专业级别的功能包,如图像处理的OpenCV,开发者可以通过调用这些API来简化开发过程。ROS还提供了一系列的工具包,以支持软件开发、调试和测试。

⑤ 轻便性与易集成性。ROS的设计注重便携性和方便性,其编写的代码可以用于其他机器人软件框架中,易于与其他系统集成。

⑥ 元操作系统。ROS并非真正意义上的操作系统,而是一个运行在原生操作系统(如Ubuntu Linux)之上的中间件,提供硬件抽象、函数调用、进程管理等功能,类似于一个操作系统。

⑦ 节点通信机制。ROS的核心思想是将机器人的软件功能划分为一个个节点,这些

节点通过互相发送消息进行通信，可以部署在同一台主机上，也可以分布在不同的主机上，甚至在互联网上。

⑧ 代码复用与共享。ROS的设计目标是提高代码复用率，通过分布式处理框架和数据包、堆栈的结构，便于代码的共享和分发。

如今，ROS以其优越特点早已广泛应用于多种类型的机器人开发，涵盖机械臂、移动机器人、水下机器人、人形机器人和复合机器人等类型。这表明，ROS已经成为机器人领域的通用标准。随着ROS的迅猛发展，它正在推动机器人革命的浪潮，在这一浪潮中，每一个人都能发挥自己的力量，共同创造未来。

1.3　本章小结

本章探讨了移动机器人的发展状况，以及常见的移动机器人类型。这些机器人是一个综合性的系统，它们集成了环境感知、动态决策与规划、行为控制与执行等多重功能。此外，还介绍了在机器人开发中扮演着至关重要角色的软件系统——机器人操作系统。经过十余年的不断发展和完善，ROS已经确立了自己在机器人领域的普遍标准地位，并成为开发机器人的不可或缺的重要工具。

知识测评

一、选择题

1.以下属于移动机器人的是（　　　　）。

A. 扫地机器人　　　　　B. 焊接机器人　　　　　C. 爬行机器人　　　　　D. 清洁机器人

2.最早的ROS机器人是（　　　　）。

A. Willow Garage　　　　B. PR2　　　　　　　　C. AGV　　　　　　　　D. RCC

3.ROS起源于（　　　　）实验室的项目。

A. MIT人工智能实验室

B. 斯坦福人工智能实验室

C. 卡内基梅隆大学机器人研究所

D. 哈工大机器人技术与系统国家重点实验室

4.ROS是（　　　　）首次发布的。

A. 2005年　　　　　　　B. 2008年　　　　　　　C. 2012年　　　　　　　D. 2015年

5.ROS的官方定义是（　　　　）。

A. 机器人硬件平台　　　　　　　　　　　B. 机器人编程语言

C. 面向机器人的开源的元操作系统　　　　D. 机器人开发工具集

二、判断题

1.ROS是开源的，可以免费使用和修改。　　　　　　　　　　　　　　　　　　　（　　　　）

2. ROS只能用于地面移动机器人的开发，不适用于其他类型的机器人。　　（　　）

3. ROS不依赖于特定的硬件平台，可以在不同的机器人和计算机上运行。　（　　）

4. ROS最初是由Willow Garage公司和斯坦福大学人工智能实验室共同开发的。

（　　）

5. ROS的最新版本是ROS Kinetic Kame。　　　　　　　　　　　（　　）

三、填空题

1. ROS是一个_____。

2. ROS的全称是_____。

3. ROS的目标是提高机器人研发中的_____。

4. ROS的主要应用领域有_____。

5. PR2机器人的主要功能有_____。

第2章

移动机器人认知

在科技飞速发展的当今时代，移动机器人已成为我们生活中不可或缺的一部分。它们不仅能执行简单的任务，还能在复杂的环境中自主导航和作出智能决策。移动机器人能够实现这些复杂功能的关键在于其复杂的系统架构，包括了硬件、软件等众多组件。这些不同的架构组件协同工作，使得机器人能够执行复杂的任务。在本章中，我们将深入探讨移动机器人的系统结构，并初步了解其操作方法。

 学习目标

（1）知识目标
① 概述移动机器人的组成部分，熟知软件结构。
② 应用移动机器人的操作方法进行简单功能实现。
（2）能力目标
① 通过案例分析、实践操作等方法，培养学生分析移动机器人系统能力。
② 引导学生学会应用理论知识指导实践，掌握常用的机器人系统技术工具。
（3）素养目标
① 探究机器人组成部分，树立整体与部分的辩证观念。
② 建立机器人系统构成的逻辑层级，强化逻辑思维与实践能力。

 学习导图

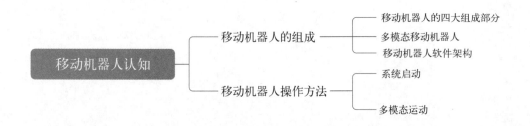

知识讲解

2.1　移动机器人的组成

若将机器人比作人体，那么：执行机构就好比人的手和脚，负责执行具体动作并与外部环境产生互动；驱动系统则类似于肌肉和骨骼，为机器人的运动提供持续动力；传感系统则扮演着感官和神经的角色，负责采集内外部信息并反馈给大脑进行处理；而控制系统，作为机器人的"大脑"，则负责处理各种任务和信息，并发出控制命令。

2.1.1　移动机器人的四大组成部分

从移动机器人的控制角度来看，可以将其划分为图2-1所示的四大部分，即执行机构、驱动系统、传感系统以及控制系统。

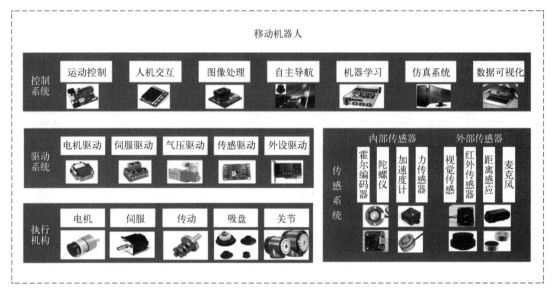

图2-1　移动机器人的四大组成部分

（1）执行机构

执行机构是机器人实现动作的关键组成部分。以移动机器人为例，其移动功能依赖于轮子的旋转，而轮子的旋转则需要依赖电机或舵机等执行机构来驱动。然而，并非所有运动部位都会直接安装电机。以汽车为例，通常只有一个电机或发动机，但需要通过传动系统来将动力分配给多个轮子，使它们能够同时旋转，驱动汽车运动。在转弯时，传动系统还需要通过差速器等功能来动态调整左右轮子的速度，以实现顺畅的转弯动作。

除了移动机器人，工业机器人中的关节电机和用于抓取物体的吸盘夹爪等，也可以被视为执行机构。简而言之，执行机构就是一套负责实现机器人各种动作的重要装置。

（2）驱动系统

若执行机构能够精确无误地执行目的动作，则必须在其前端连接一套高效的驱动系统。以机器人的电机为例，若需使其以1m/s的速度稳定旋转，就必须通过电机驱动系统来实时调整电压和电流，从而达到精确控制运动的目的。

对于电动执行机构而言，其配套的驱动系统通常由驱动板卡和控制软件两大部分组成，这恰恰是嵌入式系统应用的核心领域。在这个领域中，单片机、PID控制、数字电路等关键技术均发挥着不可或缺的作用，它们与驱动系统的各个部分紧密相连，共同确保系统的稳定运行。

驱动系统的选择需根据执行机构的类型和需求来定，例如：对于普通的直流电机，使用简单的电机驱动板即可满足需求；而在工业领域常用的伺服电机，由于其通常需要220V甚至380V的高电压，因此必须使用专业的伺服驱动器来进行精确控制。此外，还有气压驱动的吸盘、外接键盘鼠标等外设驱动，以及各种传感器驱动等，它们都是驱动系统的重要组成部分。总的来说，驱动系统的核心职责就是确保机器人各种设备能够稳定、高效地运行。

（3）传感系统

传感系统对于机器人而言，是其感知模块的核心。这种系统通常被划分为内部传感器和外部传感器两大类。内部传感器的主要任务是监测机器人的自身状态，例如：里程计能够测量轮子的旋转速度，进而推算出机器人的移动距离；陀螺仪则用于感知机器人的角加速度，帮助判断其在转弯时的状态；加速度计可以检测机器人在各个方向上的加速度，从而预测其运动趋势或识别上下坡情况；而力传感器则能够测量机器人与外界的相互作用力，确保在抓取物体时既能够稳固持握，又不会造成损坏。

与外部传感器相比，内部传感器更侧重于机器人自身的感知。外部传感器则扮演着机器人"眼睛"和"耳朵"的角色，帮助机器人获取外部环境的信息。摄像头是最直观的外部传感器之一，它能够捕捉外界的彩色图像。但机器人的感知能力并不止于此：红外传感器使其能够在黑暗环境中看见物体，类似于夜视仪的功能；激光雷达、声呐和超声波等距离传感器则能够探测机器人周围一定角度范围内的障碍物距离；而麦克风和喇叭则为机器人提供了与人类进行语音交流的能力。

传感系统是智能机器人不可或缺的一部分。许多先进的机器人装备了数十甚至上百个传感器，以便全面感知自身状态和周围环境，从而实现更高级别的智能化功能。

（4）控制系统

凌驾于上述系统之上，充当机器人"大脑"角色的，正是控制系统。这一系统通常由硬件和软件两大部分构成：硬件方面，倚重于计算资源丰富的处理器，诸如日常使用的笔记本电脑、树莓派板卡、英伟达板卡等，都是理想的选择；而在这些硬件上运行的软件，则包含了各种功能丰富的应用程序，它们能够指挥机器人绘制未知环境的地图，引导机器人准确抵达目标地点，甚至还能让机器人识别目标。

控制系统是智能机器人核心算法的主要运行地，因此，在机器人软件开发中，它扮演至关重要的角色。

机器人的四大组成部分——执行机构、驱动系统、传感系统和控制系统，相互依存，紧密相连，共同构建了一个完整的机器人控制回路，如图2-2所示。随着机器人软硬件技术的不断更迭，其组成部分也在持续演化和优化，共同推动着机器人向更高的智能化水平迈进。

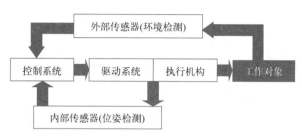

图2-2　机器人四大组成部分的控制回路

2.1.2　多模态移动机器人

本书以一款功能丰富、运动模态多样的移动机器人——ROS 教育机器人作为示例，其型号为8kt_QC，如图2-3所示。该机器人可以轻松实现阿克曼转向和全向移动等运动模式。并以高效的 Jetson Nano 为核心控制单元，配备了多种先进的传感器和执行器，从而具备了自主导航、图像识别、路径跟踪等多种强大功能。

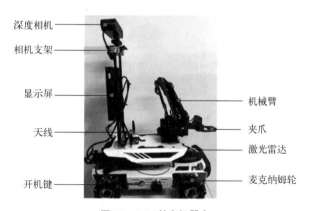

图2-3　ROS教育机器人

（1）移动机器人的执行器

移动机器人的执行器，即其底盘上配置的四个电机及与之相连的四个轮子，是机器人运动模块的核心。ROS 教育机器人上的执行机构，包括机械臂、夹爪、底盘的四个电机以及连接的麦克纳姆轮等，如图2-4所示。机械臂是重要执行机构，其设计旨在模拟人类手臂的运动，具有多个关节，通过关节的旋转和伸缩，可以灵活地抓取、搬运和放置零部件。夹爪是机械臂的末端执行器，用于抓取和释放物体。底盘的四个电机为机器人的移动提供动力。电机通过接收控制系统的指令，实现机器人的前进、后退、转弯等动作，电机的性能直接影响到机器人的运动性能，包括速度、加速度和稳定性等。麦克纳姆轮是一种特殊的轮子，其中心轮周边有许多轮轴，这些成角度的周边轮轴能够将一部分的机轮转向力转化到一个机轮法向力上面，从而实现全方位移动，使得机器人在执行复杂任务时更加灵活和高效。

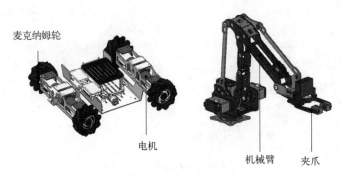

图2-4　执行机构图

（2）移动机器人的驱动系统

　　ROS 教育机器人的驱动系统是其实现多功能性的核心所在，它不仅能够支持阿克曼转向和全向运动模式，还能为搭载的多种传感器提供稳定动力。如图 2-5 所示，这款精巧的驱动板卡被巧妙地安装在机器人的底盘内，并通过多样化的接口与机器人的各种组件紧密相连。这块以 MCU 为核心的板卡，承载着驱动程序的运行，并通过接插件实现与外部环境的交互。当机器人想要移动时，驱动板接收来自控制板的信号，并通过调节电机的电流和电压来控制电机的转速和转向。

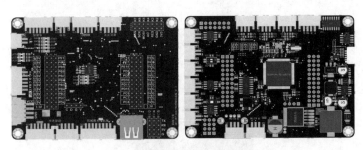

图2-5　ROS教育机器人的驱动板卡

　　ROS 教育机器人的驱动系统的关键功能主要围绕驱动板卡展开：

　　① 电源管理。由于设备采用的是 12V 锂电池，而电机、MCU、传感器、控制器等设备的电源需求不尽相同，因此电源管理模块的作用就显得尤为重要。它负责为这些设备提供稳定可靠的电源信号，同时实现电源滤波、电源保护和电压转换等关键功能。

　　② 电机驱动。以 ROS 教育机器人旋转 90° 为例，在不同的运动模式下，四个轮子所需的速度分配各不相同。电机驱动模块的任务就是精确计算并分配每个轮子的速度，并确保它们按照预定速度旋转。这一过程中涉及的专业技术包括 PID 控制、移动机器人运动学等。

③ 传感器接口管理。ROS教育机器人内部装备了多种传感器,如里程计、IMU等,这些传感器主要通过I²C、串口等总线形式与系统进行数据交互。驱动系统中的传感器接口模块负责实现这些传感器数据的采集和传输。

尽管这块驱动板卡体积不大,但它所承载的功能却极为丰富,为ROS教育机器人的运动和传感器系统提供了坚实的底层保障。

（3）移动机器人的传感系统

ROS教育机器人的传感系统是机器人感知自身状态和外部环境的关键。为了确保精准的运动控制和环境适应,设备配备了一套先进的传感器系统。

对于机器人的自身状态感知,ROS教育机器人采用了高效的里程计技术。与汽车上的码表类似,里程计通过监测轮子的旋转速度来计算机器人的移动距离和速度。实现机器人运动状态检测的设备并非只有一种。在某些小型机器人上,电机旁边安装了一个带有多个开缝的码盘。当电机旋转时,它会带动码盘一起旋转。此时,光电管发射的光线会以特定的频率穿过这些缝隙,并被接收端捕获。通过测量这个采样频率,从而精确地计算出电机的旋转速度,而后推导出机器人移动的距离、旋转的角度等关键状态信息。这种设备以其独特的工作原理,为机器人提供了准确可靠的运动感知能力。

ROS教育机器人使用的是霍尔传感器,如图2-6所示,这种传感器集成在轮毂电机中,通过感应电机旋转时产生的磁场变化来测量电机旋转速度。这种设计不仅精确度高,而且响应迅速,为机器人的定位和导航提供了可靠的数据支持。

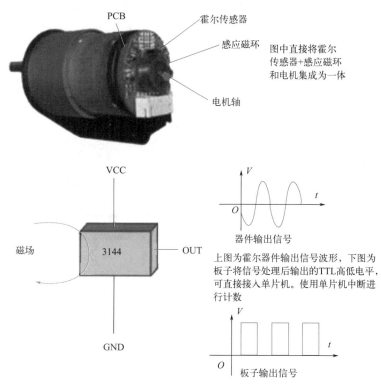

图2-6　霍尔码盘测速

无论是采用光电码盘还是霍尔传感器，其核心原理都是通过在单位时间内采集到的脉冲数来计算轮子的旋转圈数。然后结合轮子的周长数据，可以推算出机器人的实时运动速度。通过对速度进行时间积分，便能够获取机器人的里程信息。这便是里程计工作的基本机制。然而，里程计也存在一个显著的问题，即每次测量都不可避免地存在误差。随着测量次数的增加，这些误差会不断累积，导致最终结果的偏差逐渐放大，这就是通常所说的里程计累积误差。

除了内部状态感知，ROS 教育机器人还关注外部环境的获取。为此，它装备了两种重要的外部传感器：深度相机和激光雷达。

深度相机，又称为 3D 相机，是一种能够获取场景深度信息的相机设备，如图 2-7 所示。与传统的二维相机不同，深度相机不仅能够捕捉物体的形状、颜色和纹理等表面信息，还能够测量物体与相机之间的距离，从而生成三维空间中的点云数据或深度图像。深度相机的工作原理可以基于多种技术实现，包括但不限于结构光、飞行时间（ToF）和双目立体视觉等。结构光深度相机通过主动投影特定模式的光线到场景中，然后通过分析反射回来的光线变化来计算深度信息。飞行时间技术则是利用光的传播速度来测量光线从发射到反射回来的时间，从而确定物体的距离。双目立体视觉则模仿人眼的视觉原理，通过两个或多个相机拍摄同一场景，并比较图像之间的差异来计算深度。

深度相机在多个领域有着广泛的应用。在机器人导航和物体识别中，深度相机可以帮助机器人感知周围环境，实现自主导航和精确抓取。在增强现实（AR）和虚拟现实（VR）领域，深度相机可以捕捉用户的动作和姿态，实现更自然的交互体验。此外，深度相机还在人脸识别、安全监控、三维建模等领域发挥着重要作用。深度相机是一种能够获取场景中物体距离摄像头物理距离的相机，通过发射红外光或其他特定波长的光线，并接收其反射回来的光线，根据光线传播的时间或相位差来计算物体的深度信息。

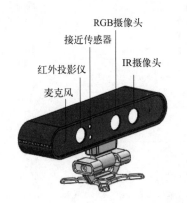
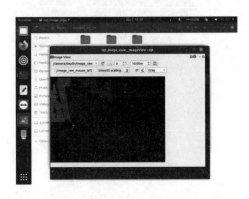

图2-7　深度相机与图像获取

深度相机设备的固有缺陷往往会存在检测角度和精度受限的问题，而激光雷达则是 ROS 教育机器人的另一大利器。它通过一个激光头发射激光束，并利用接收器捕捉反射回来的光线，如图 2-8 所示。通过测量光线的飞行时间或利用三角关系计算距离，激光雷达能够获取 360° 范围内的障碍物深度信息。这种传感器不受光照和时间限制，为机器人在复杂环境中的导航提供了强有力的支持。

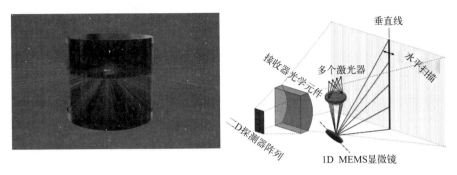

图2-8　激光雷达原理

（4）移动机器人的控制系统

驱动系统与传感系统最终都连接到了其强大的控制系统——Jetson Nano 控制板卡，如图 2-9 所示，其相关参数见表 2-1。这款板卡的核心部分配备了一个四核 CPU，确保了基础软件的流畅运行。再者，它所拥有的 128 核 GPU，使得图像处理和机器学习任务得以轻松应对。为提升用户体验，ROS 教育机器人在后部还配备了一块触摸屏幕，即便没有笔记本电脑，用户也能轻松操控机器人。

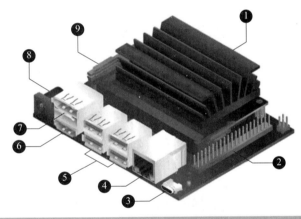

❶ Micro SD卡卡槽(建议16GB及以上的TF卡)　❻ USB 3.0 端口(×1)
❷ 40PIN GPIO扩展接口　❼ HDMI输出端口
❸ 设备模式的微型 USB 端口　❽ 用于5V电源输入的USB-C
❹ 千兆以太网端口　❾ MIPI CSI-2摄像机连接器
❺ USB 2.0 端口(×2)

图2-9　Jetson Nano控制板卡

表 2-1　Jetson Nano控制板卡参数信息

CPU	四核 ARM&reg
内存	4GB 64 位 LPDDR4 内存
存储	微 SD 卡槽（支持至少 16GB 内存 TF 卡插入使用）
视频编码	4K@30（H.264/H.265）

续表

CPU	四核 ARM&reg
视频解码	4K@60（H.264/H.265）
以太网	10/100/1000BASE-T 自适应
摄像头	12 通道（3×4 或 4×2）数字物理设备（1.5 Gbps）
显示	HDMI 2.0,USB2.0（微型 USB 接口）
其他	GPIO、I2C、I2S、SPI、UART
电源	微型 USB（5V 2A），直流插孔（5V 4A）
尺寸	69.6×45（核心板），100×80×29（载板），单位：mm

主控板上运行的是基于 Linux 的 Ubuntu 系统，这一系统不仅为当前机器人的应用提供了稳定支持，还为未来的机器人应用开发提供了广阔的平台，为后续机器人的各项功能和应用开发奠定坚实的基础，这些将在后面章节介绍，在这里，只需明确 ROS 教育机器人的四大组成部分，能理解其工作原理和性能优势即可。

2.1.3　移动机器人软件架构

信息技术更迭迅速，平台功能逐渐完善，采用 ROS 平台最显著的优势是节约时间和资源。它的特点之一在于程序可重复利用性，对于实现特定功能的功能包仅需修改参数即可使用，这便于用户专注于开发模块之中。特点之二是提供开发工具，ROS 提供调试相关的工具——二维绘图和三维视觉化工具 Rviz，用户无须亲自准备机器人开发所需的开发工具，可以直接拿来使用。基于通信的程序是 ROS 的第三个特点，在构建一种服务时，经常需要在同一框架中编写大量的程序，程序范围从基础硬件（如传感器或舵机的驱动器）到涵盖传感、识别和执行等各类功能的程序。然而，为了提高机器人软件的可重用性，我们需要按照每个处理器的功能将其拆解为更小的模块。这种模块化或节点化的方式会根据不同的平台而有所不同。这些被分解为最小执行单元的节点必须进行数据的发送和接收，并且，这个平台会包含所有关于数据通信的通用信息。此外，这种方式与物联网（IoT）的概念相吻合，即最小的单位进程连接网络，因此它可以被用作一个物联网平台。最后，将程序划分为最小程序单元的做法也便于进行单元测试，这对于发现和定位错误非常有帮助。了解 ROS 软件平台的特点后，下面介绍其软件架构。

通过图 2-10，可以清晰地看到 ROS 教育机器人控制板卡与外部设备之间的交互关系。

在驱动系统中，运动控制器发挥着核心作用，它负责精确地控制电机和舵机的运作。电机为机器人提供动力，使其能够移动，而舵机则在阿克曼模式下精确地控制前轮的转向。此外，运动控制器还与内部传感器，如里程计和 IMU 紧密相连，实时监测并反馈机器人的运动状态和位置信息。

机器人控制系统则扮演着机器人大脑的角色，它负责处理复杂的任务，如自主导航、地图构建和图像识别等。同时，控制系统还承担了一部分传感器驱动的工作，通过 USB

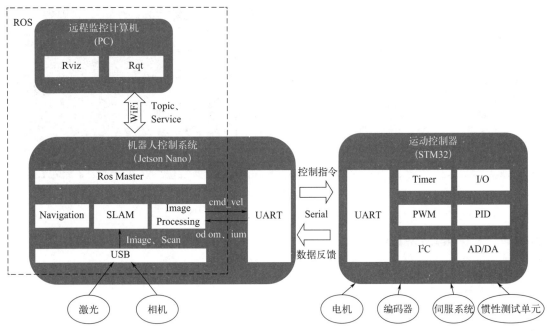

图2-10　机器人软件架构

接口与外部相机和雷达设备连接，实时采集并处理外部环境的信息。控制系统与运动控制器之间的通信则是通过串口连接实现的，这种通信方式保证了数据传输的稳定性和实时性，使得机器人能够在各种环境下快速、准确地作出反应。

　　为更加便捷地操控机器人，通常会使用笔记本电脑与机器人进行连接，进行编程和控制操作。在这个软件体系结构中，虚线框内标明的应用功能都是基于ROS环境进行开发的，而运动控制器中的功能则是基于嵌入式系统实现的。ROS开发主要侧重于上层应用层面的开发，而嵌入式开发则更偏向于底层控制。二者相辅相成，共同实现了机器人的智能化功能。

2.2　移动机器人操作方法

2.2.1　系统启动

　　以上在静态环境中详细探讨了移动机器人的四大核心组成部分及其工作原理。本节将进一步探索如何让这款机器人动起来。

　　参照图2-11操作，启动移动机器人。首先，找到机器人侧面的电源开关并按下，启动过程随即开始。稍后，会看到开关周围的蓝色指示灯亮起，表示机器人正在启动中。当机器人后方的屏幕显示出桌面环境时，即表示启动成功。

　　在操作过程中，务必留意电量指示灯的状态。一旦电量不足，电源指示灯将闪烁红色并发出蜂鸣声报警，这时需要及时为机器人充电。

图2-11　ROS教育机器人的开关与屏幕桌面

2.2.2　多模态运动

（1）阿克曼运动模式

阿克曼运动模式，常用于汽车转向，即通过两个前轮的平行转向来实现流畅的转弯，如今其也在移动机器人上得到了实现，如图2-12所示。在此模式下，移动机器人依然使用普通橡胶轮胎，但操作前需要将机器人两端的插销拔起并旋转一下以锁定，此时两侧的车灯会变为绿色，作为模式切换成功的信号。

图2-12　ROS教育机器人的阿克曼运动模式

（2）全向运动模式

如果用户想让移动机器人像螃蟹一样实现横向移动，那么全向运动模式将是最佳选择。如图2-13所示，只需要将机器人的四个普通轮子替换为附带的麦克纳姆轮。在此过程中，请确保将机器人两端的插销恢复到原始状态，同时前端的车灯将显示为蓝色，表明已成功切换至全向运动模式。

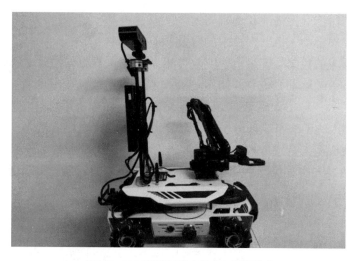

图2-13 ROS教育机器人的全向运动模式

2.3 本章小结

本章介绍了机器人的核心组成部分，包括执行机构、驱动系统、传感系统以及控制系统。随后，以ROS教育机器人为例，讲解了移动机器人的基本操作方法，以及机器人的多种运动模式。在后续的学习中，将进一步讲解这些运动模式的具体原理，帮助大家更深入地理解机器人的工作原理。

 知识测评

一、选择题

1. ROS中的（　　）部分负责机器人与环境之间的交互。

A. 传感系统　　　B. 执行机构　　　　C. 控制系统　　　　D. 通信接口

2. 伺服和传感元件属于（　　）组成部分。

A. 控制系统　　　B. 驱动系统　　　　C. 执行机构　　　　D. 传感系统

3. ROS机器人四大组成部分中，负责接收并处理传感器信号的是（　　）。

A. 控制系统　　　B. 传感系统　　　　C. 驱动系统　　　D. 执行系统

4. ROS机器人中，将控制命令转化为执行系统能够执行的信号的部分是（　　）。

A. 控制系统　　　B. 传感系统　　　　C. 驱动系统　　　　D. 执行系统

5. ROS机器人的执行系统主要负责（　　）任务。

A. 接收传感器信号　　　　　　　B. 转化控制命令

C. 执行具体动作　　　　　　　　D. 感知环境信息

二、判断题

1. ROS是一个闭源的机器人操作系统。　　　　　　　　　　　　　　　　　（　　）

2. ROS 只能用于开发陆地移动机器人。　　　　　　　　　　　（　　　）

3. ROS 的发展推动了机器人技术的普及和应用。　　　　　　　（　　　）

4. ROS 机器人的控制系统只负责接收传感器信号，不参与处理过程。（　　　）

5. ROS 机器人的驱动系统只能使用电机作为驱动源。　　　　　　（　　　）

三、填空题

1. 移动机器人的四大组成部分是_____。

2. ROS 教育机器人有_____种运动模态，分别是_____。

3. 在 ROS 机器人中，执行系统通常接收来自_____的指令并执行，而不是直接接收来自用户的指令。

4. _____不仅可以感知外部环境信息，还可以检测机器人自身的状态，如位置、速度等。

5. 在 ROS 中，_____层通常包含用于数据处理的算法，如 SLAM、物体识别等。

第 2 篇

移动机器人原理

本篇将深入探讨移动机器人操作系统的核心理念，涵盖ROS的常用工具、移动机器人的基础编程、运动学分析、机械臂模型解析以及机器人视觉处理技术等内容。通过这些内容，引导读者全面理解机器人操作系统的基本工作原理及其关键操作技巧，进而加深对ROS系统的认识。

第3章

机器人操作系统核心概念

机器人技术在过去几十年中取得了显著的进步，这在很大程度上得益于计算能力的增强、传感器技术的发展以及人工智能算法的创新。随着技术的进步，机器人在工业自动化、医疗、服务业、探索和救援等多个领域的应用变得越来越广泛。然而，要充分发挥机器人的潜力，需要一个强大而灵活的软件平台来管理和控制机器人的各种硬件组件和执行复杂的任务，于是，机器人操作系统应运而生。

ROS为研究人员提供了一个共同的开发平台，使他们能够共享代码、算法和工具。ROS提供的多种核心概念在传感器数据采集与处理、运动控制、远程操作与监控等场景发挥着关键作用，这种开放性促进了技术的快速发展。

本章将呈现机器人操作系统ROS的核心概念和安装方法。通过结合移动机器人的典型案例，使读者更深入地理解这些概念，为机器人应用开发打下"坚实基础"。

 学习目标

（1）知识目标

① 理解ROS的定义、起源及其在机器人研发领域的重要性。

② 掌握ROS的核心概念，如节点（Node）和节点管理器（ROS Master）的功能和作用。

（2）能力目标

① 能够安装、配置和使用ROS，包括设置工作空间、编译和运行ROS程序。

② 能够编写简单的ROS节点，实现基本的功能，如数据的发布和订阅。

（3）素养目标

① 掌握机器人操作系统核心概念，培养技术意识和政策分析能力。

② 在概念学习中，强化理论联系实际与发现、提出、分析、解决问题的能力。

学习导图

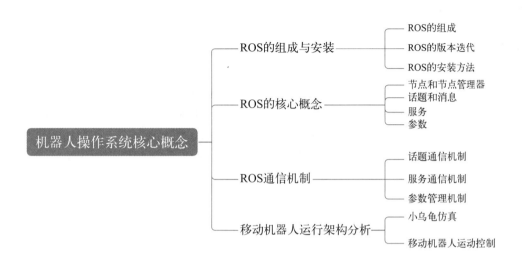

知识讲解

3.1 ROS 的组成与安装

3.1.1 ROS 的组成

在 ROS 出现之前，机器人开发的过程冗长且繁琐。设计师需从零开始研究机械设计，如车轮类型和安装方式，还要选择控制器和编写程序。这样的重复劳动消耗大量时间，可能三四年或更久才完成一个项目。这就像传统汽车制造方式，每辆车都从轮子开始制造，效率必然不高，如图 3-1 所示。

图3-1　传统模式

工业领域的现代化发展则更注重分工合作。如果制造一辆汽车,可以选择不同供应商的零件快速组装,大大缩短了开发周期,例如使用A家的底盘、B家的轮胎、C家的系统配件,这样原本需要几年之久的工作,通过资源协调,合理配置后缩短时效,增强了效率,同时创新了汽车行业的开发模式。随之而来的,设计师和开发者便可以在其应用领域倾心钻研,寻求更加智能化、绿色化的上层应用设计,如自动驾驶算法。

在机器人开发领域,ROS同样主张避免重复工作,希望机器人开发者能够站在巨人的肩膀上,充分利用已有的功能和模块。这意味着,如果其他人已经开发出某个功能,那么在允许的情况下,无需从头开始,可以直接使用这个功能。这样,开发者才能更专注于目标场景的应用和调优,实现更高级的功能。例如,如果想实现一个自主导航的机器人算法,可以直接选择一款已经支持ROS的机器人,利用ROS提供的定位和导航算法,快速实现目标。

为实现高效开发,ROS 在设计上进行了深思熟虑。它支持多种功能间点对点通信,使用C++、Python等多种编程语言,提供丰富的调试和开发工具,并保持开源免费。这使得开发者能够借助社区资源快速开发出各种应用。

ROS由四大部分组成,包括通信机制、开发工具、应用功能、生态系统,如图3-2所示。

图3-2　ROS的四大组成

ROS还提供了丰富的机器人开发工具和功能模块,如图3-3所示。例如:QT工具箱用于机器人的速度曲线可视化,如日志输出、计算图可视化、数据绘图、参数动态配置等功能;Rviz 三维可视化平台可实现机器人开发过程中多种数据的可视化显示,并且可通过插件机制无限扩展;Gazebo 软件仿真环境能创建仿真环境并实现带有物理属性的机器人仿真。

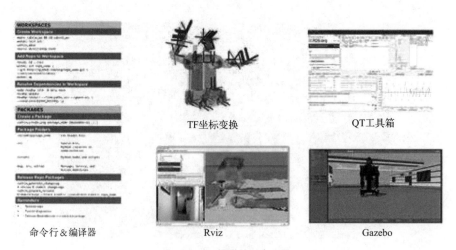

图3-3　ROS提供的开发工具

此外，ROS社区还提供了许多实用的机器人应用功能，如图3-4所示。在以上工具支持和系统协调下，可以使用ROS社区中大量的现有功能，如自主导航、地图构建和运动规划等。只需简单配置，即可快速实现这些功能，使得机器人运动起来。

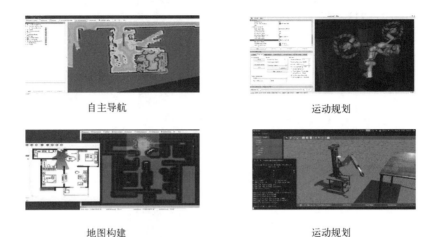

自主导航　　　　　　　　　　　　　　运动规划

地图构建　　　　　　　　　　　　　　运动规划

图3-4　ROS社区提供的机器人应用功能

3.1.2　ROS的版本迭代

ROS的发展历经十余年的演变，已经出现多个版本的迭代，如表3-1所列。初期的ROS版本并不稳定，所以每年都会更新1～2个新版本。然而，现在已经相对稳定，并推出了多个长期支持版本。目前，主流使用的是2020年发布的Noetic版本。因此，本书将主要基于这个版本进行讲解。

表3-1　ROS所有发布版本的相关信息

发行版本	发布日期	海报	停止支持日期
ROS Noetic Ninjemys	2020 年 5 月 23 日		2025 年 5 月
ROS Melodic Morenia	2018 年 5 月 23 日		2023 年 5 月
ROS Lunar Loggerhead	2017 年 5 月 23 日		2019 年 5 月
ROS Kinetic Kame	2016 年 5 月 23 日		2021 年 4 月
ROS Jade Turtle	2015 年 5 月 23 日		2017 年 5 月

续表

发行版本	发布日期	海报	停止支持日期
ROS Indigo Igloo	2014 年 7 月 22 日		2019 年 4 月
ROS Hydro Medusa	2013 年 9 月 4 日		2015 年 5 月
ROS Groovy Galapagos	2012 年 12 月 31 日		2014 年 7 月
ROS Fuerte Turtle	2012 年 4 月 23 日		—
ROS Electric Emys	2011 年 8 月 30 日		—
ROS Diamondback	2011 年 3 月 2 日		—
ROS C Turtle	2010 年 8 月 2 日		—
ROS Box Turtle	2010 年 3 月 2 日		—

3.1.3　ROS 的安装方法

在开始开发之前，要确保已在 Ubuntu 系统上安装了 ROS。以下是安装步骤的简要说明：

① 打开已安装的 Ubuntu 系统。

② 运行以下命令添加 ROS 软件源，即 ROS 相关软件的下载地址。

```
sudo sh - c'echo"deb http://packages.ros.org/ros/ubuntu (lsb_release - sc)

Main" > /etc/apt/sources.list.d/ros - latest'
```

使用以下命令添加密钥。

```
sudo apt - key adv -- keyserver  'hkp://keyserver.ubuntu.com: 80' -- recv - key

C1CF6E31E6BADE8868B172B4F42ED6FBAB17C654
```

③ 接下来，运行以下命令开始安装 ROS。

```
sudo apt update

sudo apt install ros - noetic - desktop - full
```

④ 安装完成后，运行以下命令设置环境变量，使系统能够识别ROS的安装位置。

```
echo"source /opt/ros/noetic/setup.bash" >> ~ /.bashrc

source ~ /.bashrc
```

⑤ 运行以下命令安装一些必要的依赖项。

```
sudo apt install python3 -rosdep python3 -rosinstall python3- rosinstallgenerator

python3-wstool build- essential
```

⑥ 运行以下命令初始化ROS依赖工具。

```
sudo resdep init

resdep update
```

⑦ 最后，运行以下命令启动ROS节点管理器。如果出现如图3-5所示的提示，说明ROS已成功安装。

```
roscore
```

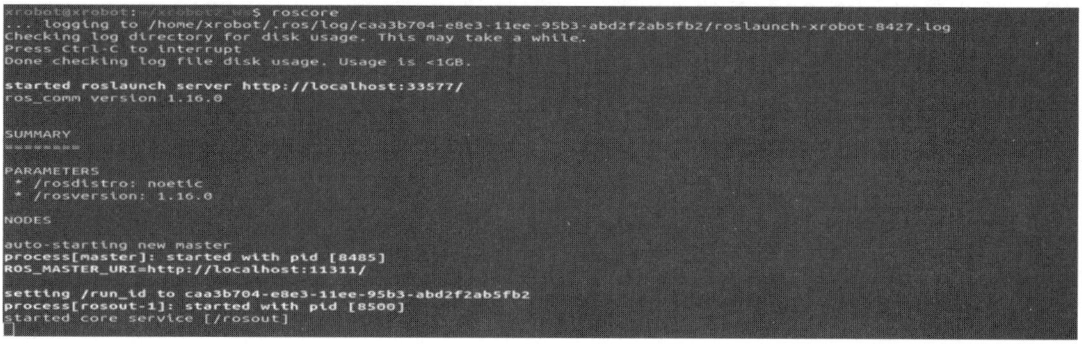

```
xrobot@xrobot:~        $ roscore
... logging to /home/xrobot/.ros/log/caa3b704-e8e3-11ee-95b3-abd2f2ab5fb2/roslaunch-xrobot-8427.log
Checking log directory for disk usage. This may take a while.
Press Ctrl-C to interrupt
Done checking log file disk usage. Usage is <1GB.

started roslaunch server http://localhost:33577/
ros_comm version 1.16.0


SUMMARY
========

PARAMETERS
 * /rosdistro: noetic
 * /rosversion: 1.16.0

NODES

auto-starting new master
process[master]: started with pid [8485]
ROS_MASTER_URI=http://localhost:11311/

setting /run_id to caa3b704-e8e3-11ee-95b3-abd2f2ab5fb2
process[rosout-1]: started with pid [8500]
started core service [/rosout]
```

图3-5　ROS安装成功

3.2　ROS的核心概念

在移动机器人上装有多种传感器，如相机和雷达，它们通过USB线缆等与机器人的控制器相连。在软件方面，控制器需要安装相应的驱动程序来获取传感器数据。一旦获取到这些数据，便可以利用图像处理技术进行物体识别。结合识别结果，还可以控制机器人的运动，例如使其跟随某个物体移动。

在类似的应用中，驱动、处理和控制等功能是相互独立的，但它们之间需要进行数据交互。如果将这些流程绘制成一张图，它将呈现出一个分布式网络结构，如图3-6所示。每个模块代表一个特定的功能，而模块之间的连线表示数据传输，例如一个节点用于驱动相机并获取图像数据，另一个节点用于显示摄像头捕获的图像，还有一个节点用于物体识别。每个节点都负责一个特定的功能，并通过连线传输图像或指令数据。

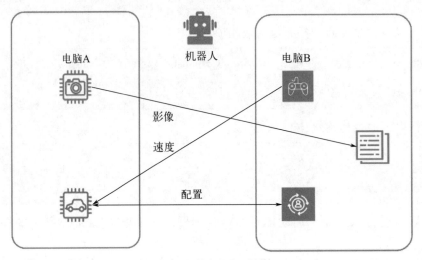

电脑A

机器人

电脑B

影像

速度

配置

图3-6　分布式网络结构

在ROS的分布式通信框架中，每个节点可以使用不同的编程语言实现，并且可以位于不同的计算平台上。例如，运动控制节点可以在机器人的控制器上运行，而视觉识别节点可以在笔记本电脑上运行。节点之间的数据通信依赖于一个核心组件，即节点管理器（ROS Master，也称作主节点）。

这种分布式网络结构也被称为ROS的"计算图"。在这张图中，包含了ROS的大部分核心概念。接下来，将一一认识这些概念。

3.2.1　节点和节点管理器

ROS中的节点和节点管理器如图3-7所示。在机器人系统中，相机是一个重要的外设，它通过驱动节点获取图像数据。这些图像数据进一步被传递给专门负责物体识别的图像处理节点。同时，为了方便验证算法的效果，在笔记本电脑上运行的另一个节点被用来显示图像处理的结果。这种独立而又相互关联的功能模块，就称为节点。

节点是ROS中执行具体任务的单元。每个节点通常负责执行特定的功能，如驱动相机获取图像数据、进行物体识别或显示处理结果等。从计算机操作系统的角度来看，每个节点都可以被视为系统中的一个进程，即通常编译代码后生成的可执行文件。因此，每个节点都需要独立运行一个可执行文件。

由于每个节点都可以独立运行，这带来了一个好处，即每个节点可以使用不同的编程语言来实现。例如：驱动程序可以更偏向底层，使用C语言编写；而图像处理则更偏向应用层面，可以使用Python编写。这样，团队成员可以根据自己的专长选择合适的编程语言。

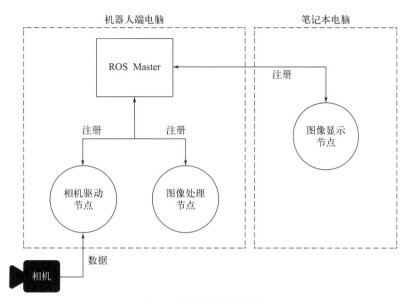

图3-7　节点和节点管理器

在ROS中，节点之间依靠节点名称进行查找和管理。为了确保每个节点在通信中具有唯一性，不允许存在重名的节点。如果两个节点名称相同，那么在需要通信时就会造成混淆。因此，需要有一个中心化的管理机制来协调这些节点。

这个管理机制就是节点管理器。ROS Master 作为ROS系统的核心枢纽，通过远程过程调用（RPC）机制提供了节点注册与发现的功能，使得各节点能够相互识别、建立连接。此外，它还负责维护一个参数服务器，用于管理系统级的参数。作为系统的调度者，ROS Master 是实现节点间通信和协作的关键。如果没有ROS Master，节点将无法彼此定位，消息交换和服务调用也将无法进行，导致整个ROS系统功能瘫痪。

它的角色类似于社交群中的"群主"，负责帮助节点相互介绍和建立联系。当一个节点启动时，它会向节点管理器注册自己的信息，包括它的名称、功能和感兴趣的话题等。节点管理器会根据这些信息为节点提供命名和注册服务，并协助它们找到其他具有相同话题的节点，从而建立通信连接。例如，节点管理器可以帮助相机驱动节点与图像处理节点建立联系，以便图像数据能够从一方传输到另一方。

3.2.2　话题和消息

节点管理器在ROS中扮演着重要的角色，它帮助节点建立连接，从而形成了数据传输的通道，这个通道被称为话题（Topic）。话题消息通信是指发送信息的发布者和接收信息的订阅者以话题消息的形式发送和接收信息。订阅者节点期望接收的是在主节点中注册的主题名称所对应的发布者节点的信息。根据这一信息，订阅者节点能直接与发布者节点建立连接，进行消息的发送和接收。

话题和消息的关系如图3-8所示。以相机驱动节点发布图像数据为例，图像处理节点和上位机显示节点都订阅了这一话题。这里的图像数据就是话题，通常为其取名为image_ data，即话题名。当节点管理器发现这三个节点都在关注图像数据这一话题时，就会为它们建立连接。每个节点对数据的需求不同，其中驱动节点是数据的产生和发布者，被称为Publisher，而处理和显示节点则是接收数据的订阅者，被称为Subscriber。在话题通信中，数据传输的方向是从发布者到订阅者，属于单向传输。

话题是ROS中用于传输数据的重要总线或方式，如图3-9所示。它采用发布/订阅模型，数据由发布者传送到订阅者，但发布者由于接收不到订阅者的数据接受反馈，便会持续发送。因此，这是一种异步通信机制。

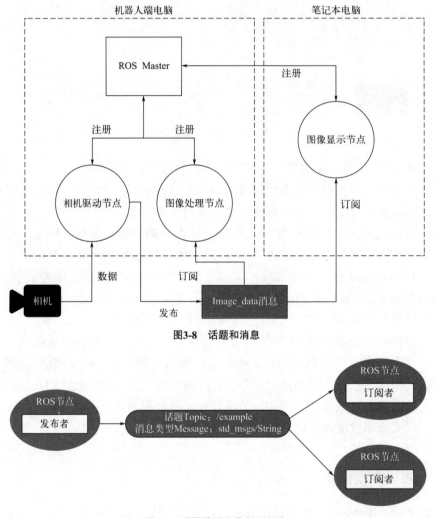

图3-8　话题和消息

图3-9　话题模型（发布/订阅）

如果将话题比喻为节点之间的隧道，那么消息则是穿梭于这个隧道中的数据。消息以一种发布/订阅的方式传递。ROS定义了许多常用的消息结构，类似于编程中的数据结构，例如如何描述图像数据、地图数据和速度指令等，在ROS中都是标准化的。ROS功能节点的可复用性正是建立在这些标准的数据接口上。当然，在某些情况下，ROS的标准定义可能无法满足所有需求。此时，用户可以自定义一些消息结构。这种自定义方式和编程语言无关，类似于编程中的伪代码，只表示抽象的定义。具体的代码会在后期的编译过程中动态生成。

3.2.3　服务

在 ROS 中，话题通信是最常见的通信方式，它类似于生活中的信件传递。写信人将信寄出后，并不知道收信人是否收到，因此有时需要电话等更即时的通信方式进行补充。

在机器人中，话题通信的工作方式也是如此。例如，图像处理节点不需要驱动节点持续发送数据，而是根据需要接收一帧数据即可。这时，话题通信就无法满足双向通信的需求。为了解决这个问题，处理节点会先发送一个请求数据的请求，告诉驱动节点发送一次数据。驱动节点收到请求后，会驱动相机获取一幅图像数据，并通过应答数据反馈给处理节点。这种及时的反馈方式避免了驱动节点的无效工作，被称为同步传输模式，也被称为服务（Service）。服务通信方式如图 3-10 所示。

服务消息通信是指请求服务的服务客户端与负责服务响应的服务器之间的同步双向服务消息通信。话题通信使用发布/订阅模型，与话题相异，服务则采用服务器和客户端的通信模型。因此，ROS 提供了一种名为"服务"的同步消息传输方式。一个"服务"由服务端和客户端两部分组成，其中服务端仅在接收到请求时才进行响应，而客户端在发送请求后会等待并接收响应。与主题发布/订阅模式不同，"服务"是一次性的消息传递方式。好比用户平时上网时，浏览器作为客户端，网站作为服务器。当用户在浏览器中输入网址并回车时，就会发送一个请求，服务器收到请求后会返回相应的网页作为应答，这样就可以在浏览器中看到网页了。同样地，如果客户端不发送请求，服务器也不会主动应答数据。

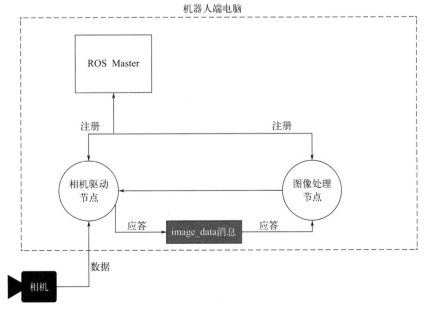

图3-10　服务

　　客户端通过服务这个通道发送一个请求给服务器端，服务器收到请求后进行处理，然后将处理结果通过应答数据反馈给客户端，告诉它最终的处理结果，过程如图3-11所示。

图3-11　服务模型（请求/应答）

　　在ROS中，一个服务器只能有一个，但可以多个客户端请求服务。当有多个客户端同时请求服务时，需要特别注意：如果服务器正在处理某个客户端的请求并且没有空闲，那么其他客户端再发送请求时，服务器可能无法及时响应。因此，在实际开发中，需要根据实际情况合理设计服务器的处理能力和并发处理能力，以确保系统能够高效地响应各种请求。

　　话题和服务是ROS中最基础、使用频率最高的通信方式，为了使读者更好区别两者，我们在其同步性、通信模型、底层协议等维度进行区别，见表3-2。

表3-2　话题与服务的区别

维度	话题	服务
同步性	异步	同步
通信模型	发布 / 订阅	客户端 / 服务器
底层协议	ROSTCP/ROSUDP	ROSTCP/ROSUDP
反馈机制	无	有
缓冲区	有	无
实时性	弱	强
节点关系	多对多	一对多
适用场景	数据传输	逻辑处理

　　话题和服务在表3-2所示的维度上有明显的区别。话题主要关注人们的沟通和交流，而服务则关注满足人们的需求和解决问题。在实际生活中，话题和服务往往是相辅相成的，一个好的服务往往需要有好的话题来传播和推广，而一个好的话题也需要有好的服务来实现和落地。

3.2.4　参数

　　在ROS中，话题与服务是两种最重要的通信机制，它们在机器人系统中发挥着核心作用。除此之外，参数也是ROS中用于数据共享的一种机制，可以认为参数是节点中使用的全局变量。参数的功能与Windows程序中的 *.ini配置文件相似。在默认状态下，这些设置值是预先定义的，如有需要，也可从外部进行读取或写入操作。参数设置同样可以通过外部写入功能实时调整设置值，因此它具有很高的实用性和灵活性，能够有效应对多变的情况。

参数模型（全局字典）如图3-12所示。在某些情况下，一个节点启动后，会在节点管理器中存储一个全局参数 foo，其值为1。如若另一个节点在运行过程中可能需要使用这个参数 foo，那么此时该节点可以查询节点管理器，节点管理器会乐于提供帮助并反馈 foo 的值为1。

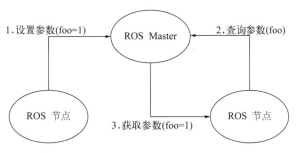

图3-12　参数模型（全局字典）

参数服务器非常适合存储一些运行过程中的静态参数，即不会发生变化的参数。如果某个节点心血来潮地将 foo 的值从1改为2，而其他节点不知道这个变化，且没有服务器主动重新查询，那么这些节点就只能继续使用之前的值1进行运算，这可能会导致各种问题。因此，在使用 ROS 时需要警惕这种现象。例如，如果之前的 ROS 系统没有关闭就启动了新的节点，很多参数可能仍然是之前的数据，这可能会导致莫名其妙的错误。因此，在使用 ROS 进行机器人系统开发时，需要注意参数的使用和管理，以确保系统的稳定性和正确性。

3.3　ROS通信机制

ROS 的通信机制为机器人软件开发提供了强大而灵活的消息传递能力，是 ROS 被机器人研究领域广泛采用的一个重要原因。通过这些机制，开发者能够构建出高效、模块化且易于维护的机器人系统。

ROS 作为一个专为机器人软件开发而设计的操作系统架构，其核心优势之一在于提供了一个松耦合分布式的通信框架。这使得各个节点（进程）能够独立工作，甚至运行在不同的主机上。ROS 的通信机制包括话题通信、服务通信、参数服务器和动作库。

每种通信方式都有其特定的应用场景和特点，选择合适的通信方式对于设计和实现高效、可靠的机器人系统至关重要。例如，话题通信适合传感器数据的实时分发，而服务通信更适合执行特定操作的请求和应答。参数服务器通常用于节点间共享固定参数，而动作库则用于处理那些需要较长时间完成并且需要中途反馈的任务。

3.3.1　话题通信机制

话题通信是 ROS 中基于发布/订阅模式的通信机制。在 ROS 的话题通信模型中，消息的生产者（发布者）和消费者（订阅者）是解耦的，它们通过一个共同的话题进行通信。

这种模型允许多个节点同时发布或订阅同一个话题，有效地实现了信息的广播和共享。如图3-13所示，显示了一个基于ROS的通信流程，其中涉及主节点（ROS Master）和多个子节点之间的交互。其参数含义见表3-3。

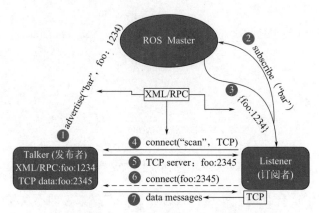

图3-13　基于发布/订阅模型的话题通信机制

表3-3　话题通信机制参数表

名称	含义
ROS Master	整个系统的中心节点，负责管理其他节点的通信和连接
XML/RPC	用于数据交换的通信协议，允许不同节点之间进行信息传递
TCP server	TCP 服务器，用于处理 TCP 连接请求
Listener	监听器节点，用于接收来自其他节点的消息
TCP data	与 TCP 服务器相关的数据，可能包含要发送或接收的信息
data messages	在节点之间传递的数据消息，用于传输具体的信息内容
connect	一个连接操作，用于建立节点之间的连接
subscribe	一个订阅操作，用于监听特定主题的消息

ROS系统中主节点和子节点之间的通信流程，包括以下主要步骤。

① Talker注册。借助1234端口并使用RPC向ROS Master注册发布者信息，其注册信息会自动加入到注册列表中。

② Listener注册。与Talker注册相同，启动后通过RPC向ROS Master注册订阅者信息。

③ ROS Master进行信息匹配。根据Listener的订阅信息要求，ROS Master会从注册列表中进行查找，找到则会发送RPC地址。

④ Listener发送连接请求。一旦Listener接收到Master发回的Talker地址信息，它会尝试通过RPC向Talker发送连接请求，包括要订阅的话题名、消息类型以及通信协议（TCP或UDP）。

⑤ Talker确认连接请求。当Talker接收到Listener的连接请求后，它会通过RPC向Listener确认连接信息，其中包括自己的TCP地址信息。

⑥ Listener尝试与Talker建立网络连接。在接收到确认信息后，Listener会使用TCP尝试与Talker建立网络连接。

⑦ Talker向listener发布数据。一旦成功建立连接，Talker就会开始向Listener发送话题消息数据。

从上述步骤可以看出，前五步都是使用RPC通信协议，而最后的数据发布过程则可能使用TCP或UDP协议。

话题通信的实现不仅限于节点间的直接通信，还支持通过消息过滤、消息缓冲等高级功能来处理更复杂的通信需求。此外，话题通信机制在ROS中非常常见，适用于多种场景，尤其是那些需要连续传递信息的情况，如传感器数据的实时分发。

话题通信提供了一种灵活且强大的通信方式，使得ROS系统能够高效地处理节点间的消息传递，这对于构建复杂的机器人系统至关重要。

3.3.2 服务通信机制

服务通信机制通常指的是在软件系统中，不同服务组件之间进行数据交换和协调工作的一套规则和方式。服务通信机制原理如图3-14所示。与话题通信机制相比，它减少了Listener与Talker之间的RPC通信。

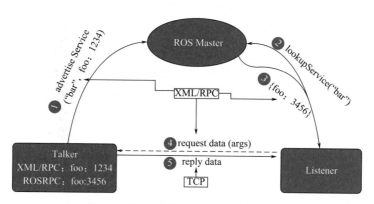

图3-14 基于服务器/客户端的服务通信机制

① Talker注册。借助1234端口并使用RPC向ROS Master注册发布者信息，其注册信息会自动加入到注册列表中。

② Listener注册。与Talker注册相同，启动后通过RPC向ROS Master注册订阅者信息。

③ ROS Master进行信息匹配。根据Listener的订阅信息要求，ROS Master会从注册列表中进行查找，找到则会发送RPC地址。

④ Listener与Talker建立网络连接。在接收到确认信息后，Listener会使用TCP尝试与Talker建立网络连接。

⑤ Talker向Listener发布服务应答数据。Talker接收到服务请求和参数设置后，开始执行服务功能，完成执行后，向Listener发送应答数据。

服务通信机制是分布式系统和服务化架构中不可或缺的一部分，它关系到系统的整体性能、可靠性和可维护性。设计一个高效、稳定且易于维护的服务通信机制是构建现代软件系统的关键挑战之一。

3.3.3　参数管理机制

参数管理机制是机器人操作系统中用于实现节点间配置值共享和动态调整的一种机制，其通信原理如图3-15所示。

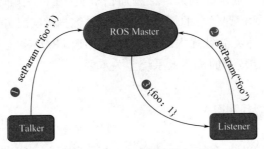

图3-15　基于RPC的参数管理机制

① Talker设置变量。Talker节点通过远程过程调用向参数服务器发送参数，包括参数名与参数值。这是参数通信的起点，负责提供数据到系统中。

② Listener查询参数值。Listener节点从参数服务器获取所需的参数值。Listener作为参数的调用者，当需要使用某个参数时会去参数服务器查询并获取该参数的值。

③ ROS Master向Listener发送参数值。ROS Master维护了一个参数列表，它接收来自Talker的参数设置请求，并将这些参数保存在其管理的参数服务器中。当Listener请求参数值时，ROS Master会将最新的参数值发送给Listener。

这种设计允许分布式处理，因为参数服务器可以独立于任何节点存在，并且节点可以分布在不同的主机上进行工作。此外，由于参数是以键值对的形式存储在服务器中，因此节点可以动态地更新或查询参数，而无需重新编译或重启其他节点。这使得ROS系统非常适合于模块化和动态配置要求较高的机器人系统开发。

3.4　移动机器人运行架构分析

3.4.1　小乌龟仿真

已知ROS的核心概念包括节点、话题、消息和服务等，那么这些概念在实际的机器人运行过程中是如何体现的呢？

首先，运行ROS的一个经典例程——小乌龟。在控制小乌龟移动过程中使用到的功能包是turtlesim，它的核心节点turtlesim_node提供了可视化的乌龟仿真器，可以实现多种ROS基础功能的测试。turtlesim功能包中的话题与服务见表3-4，参数见表3-5。

表3-4　turtlesim 功能包中的话题与服务

类别	名称	类型	描述
话题订阅	turtleX/cmd_vel	geometry_msgs/Twist	控制乌龟角速度与线速度的输入指令
话题发布	turtleX/pose	turtlesim/Pose	乌龟的姿态信息，包括 x 与 y 的坐标位置、角度、线速度和角速度
服务	clear	std_srvs/Empty	清除仿真器中的背景颜色
	reset	std_srvs/Empty	复位仿真器到初始配置
	kill	turtlesim/Kill	删除一只乌龟
	spawn	turtlesim/Spawn	新生一只乌龟
	turtleX/set_pen	turtlesim/SetPen	设置画笔的颜色和线宽
	turtleX/teleport_absolute	turtlesim/TeleportAbsolute	移动乌龟到指定姿态
	turtleX/teleport_relative	turtlesim/TeleportRelative	移动乌龟到指定的角度和距离

表3-5　turtlesim 功能包中的参数

参数	类型	默认值	描述
~background_b	int	255	设置背景蓝色通道颜色值
~background_g	int	86	设置背景绿色通道颜色值
~background_r	int	69	设置背景红色通道颜色值

　　了解tuetlesim功能包中的核心信息后，便可实现小乌龟移动的例程，请读者按照以下步骤进行操作：

　　① 打开终端，输入下述命令来启动ROS Master。

```
roscore
```

　　② 打开一个空白新终端，输入下述命令行来启动小乌龟仿真器。启动成功后，将会出现如图3-16所示的小乌龟仿真器界面。

```
rosrun turtlesim turtlesim_node
```

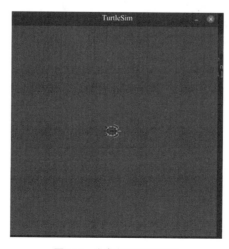

图3-16　小乌龟仿真器界面

③ 再打开一个空白新终端，输入下述命令行来启动乌龟控制节点。同时，通过键盘的上下左右键来控制小乌龟运动。

rosrun turtlesim turtle_teleop_key

启动乌龟键盘控制节点界面如图3-17所示。

图3-17 启动乌龟键盘控制节点界面

在控制乌龟运动的过程中，一定要确保turtle_teleop_key节点终端在界面最前端，否则如果其他终端在前端，数据就无法被终端读取

现在小乌龟已经可以运动了，然而该例程是如何基于ROS的核心概念实现的呢？以下就该例程剖析背后的节点关系。

为了可视化地展示ROS运行中的计算图以及所有节点的运行关系，将使用ROS中一个重要的可视化调试工具——rqt_graph。

打开一个空白新终端，输入以下命令来启动rqt_graph工具。

rqt_graph

完成启动后，将会看到如图3-18所示的计算图界面，该界面会自动监控当前运行的ROS系统，并且把所有节点和节点间的关系动态地显示出来。其中椭圆表示节点，中间的箭头表示节点间的关系，箭头上的内容表示话题。

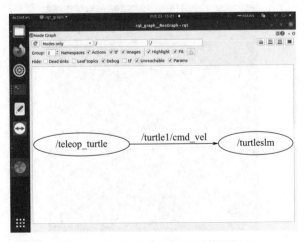

图3-18 rqt_graph可视化显示计算图界面

在该例程中，分别启动了两个节点：一个是乌龟仿真器，可以将其视为一个虚拟的机器人；另一个是键盘控制节点，用于控制机器人的前后左右运动。这两个节点在节点管理器的帮助下建立了数据通信，完成了速度控制指令的传输。

通过该例程，需要理解节点在ROS中如何实现某些具体的功能，例如机器人的驱动、运动指令的发送等，节点之间可以通过话题将数据发送或接收。但是小乌龟机器人只是存在于仿真平台上，那么在实物机器人中是否也可以实现呢？大家不妨一试。

3.4.2 移动机器人运动控制

在机器人的系统中登录后，可以通过以下两条命令行启动机器人的底盘和键盘控制节点。与控制小乌龟的方式类似，可以通过键盘的上下左右键来控制机器人运动。

```
roslaunch xrobot_driver xrobot_bringup.launch

roslaunch xrobot_teleop keyboard.launch
```

接下来，再打开rqt_graph这个工具，观察一下当前系统中的节点关系。可以直观地发现，此时系统中运行了两个节点，如图3-19所示。

第一个节点是键盘控制节点keyboard，其作用是读取键盘的输入键值，并将这些键值封装成 cmd_vel速度话题发布出去。这样其他节点就可以通过订阅这个话题来获取控制机器人的速度指令。

第二个节点是用于驱动移动机器人底盘的节点xrobot_core。它会订阅速度指令话题，一旦收到数据，就会驱动机器人运动。

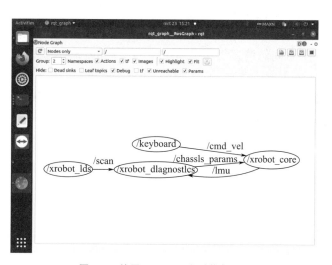

图3-19 使用rqt_graph查看节点关系

在图3-19中可以清晰地看到这两个节点以及它们之间的关系。这个案例实现的功能虽然相对简单，而在一个实现众多应用功能的复杂机器人系统中，节点和话题的数量会更多且更为复杂。除底层嵌入式运动控制器中需要实现的功能外，在ROS环境下还会通过一系列节点分别完成雷达、相机等传感器的驱动，发布数据话题后，上层的导航、建图、图像处理等节点会订阅并进行相应的算法处理，再将结果传输到监控的计算机，由可视化节点进行显示。每个节点都有自己的职责，在ROS Master这个节点管理器的统一协调下，有条不紊地完成各项任务。

在ROS系统运行中，每个节点都扮演着重要的角色，它们各司其职，协同工作。如果某个节点出现故障或掉队，可能会导致整个系统的运行受到影响，甚至无法完成最终的任务。

3.5 本章小结

本章我们深入了解ROS，并在Ubuntu系统上成功进行了安装，重点探讨了ROS中的核心概念，包括节点、话题、消息、服务和参数等。并通过小乌龟仿真和移动机器人的运动控制为例，讲解了节点、话题在实际使用中的情况，帮助大家加深对概念的理解。

 知识测评

一、选择题

1.启动相机要通过驱动（　　　）来获取数据。

A.话题　　　　B.服务　　　　　　C.节点　　　　　　　D.消息

2.建立数据传输的通道称为（　　　）。

A.话题　　　　B.服务　　　　　　C.节点　　　　　　　D.消息

3.在ROS中，节点间的消息传递是通过（　　　）机制实现的。

A.服务（Services）　　　　　　B.动作（Actions）

C.参数服务器（Parameter Server）　D.消息队列（Message Queue）

4.ROS中的节点（Node）是（　　　）。

A.硬件设备　　　　　　　　　B.独立的可执行程序

C.消息类型　　　　　　　　　D.传感器数据

5.在ROS中，话题（Topic）是用来（　　　）。

A.存储参数　　　　　　　　　B.节点间传递信息的一种方式

C.定义服务接口　　　　　　　D.执行器控制信号

二、判断题

1.在ROS中，一个节点可以发布多个话题，也可以订阅多个话题。　　　（　　　）

2.ROS中的服务（Service）是一种同步通信机制，客户端请求数据，服务器返回结果。　　　（　　　）

3.ROS中的话题和服务都是用于实现节点间的同步通信。　　　（　　　）

4. ROS 中的消息定义是语言无关的，可以用多种编程语言实现。　　　　　　（　　　）

5. ROS 中的节点（Nodes）是独立的可执行程序。　　　　　　　　　　　　（　　　）

三、填空题

1. 为了确保节点间的松耦合通信，ROS 使用了_____系统。

2. ROS 中的节点（Node）通常指的是_____。

3. ROS 服务的通信模型是_____对_____进行的。

4. ROS 中的消息（Message）通常用于_____。

5. ROS 中的话题（Topic）用于实现_____功能。

第4章

ROS常用工具

ROS不仅为机器人开发者构建了分布式通信的基础架构，还配备了众多高效实用的工具，这些工具能够极大地提升开发流程的效率。在本章中，将共同探索和学习ROS中受欢迎且具实用性的工具，认识并掌握其应用场景和功能特性。

工具的规范性使用要求使用者遵守公共道德、法律法规以及专业伦理，这对提升规则意识、培养社会责任感尤为重要。移动机器人作为丰富人们生产生活的工具之一，正确操作、规范使用、遵守社会责任、懂得团队合作、积极创新都是发挥其优越效能的因素之一。我们在学习使用ROS工具时要认真体会这一点。

 学习目标

（1）知识目标

① 掌握ROS常用工具的基本知识和功能，熟悉命令行的使用方法。

② 掌握如何将ROS常用工具集成到ROS系统中，实现高效的机器人软件开发和调试。

（2）能力目标

① 能够调用合适的命令行实现命令调试，解决机器人软件开发过程的实际问题。

② 能够在使用ROS工具的基础上进行创新，探索新的应用方法和优化策略。

（3）素养目标

① 辩证看待工具的双重性，着重学习适合机器人系统的相关工具。

② 判断相似工具的异同性，讨论各自的优缺点与最佳使用情景，提升解决问题的能力。

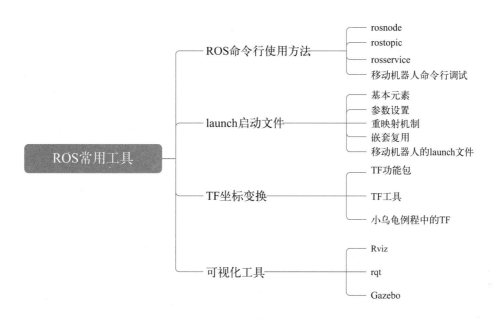

 知识讲解

4.1 ROS命令行使用方法

在ROS中，存在许多命令行指令，它们能够灵活地控制或监测机器人的状态。尽管这些指令在初次接触时可能显得有些复杂，但逐渐熟悉以后，便可深刻体会到它们为开发带来的便捷和高效。

以下是常用的ROS命令。

- rostopic
- rosservice
- rosnode
- rosparam
- rosmsg
- rossrv

观察这些命令的结构，它们通常遵循一个相似的模式，即都是以ros作为前缀，后接特定的功能名。这些功能名与ROS的核心概念紧密相连，如topic代表与话题相关的操作，service代表与服务相关的操作，而node则与节点管理相关，它们的功能正对应其名称。

为了更好地理解这些命令的实际应用，以"小乌龟"仿真示例为平台，逐步演示它们的用法。首先，请确保已按照之前的步骤启动过小乌龟仿真器。接下来，请按照以下步骤操作：

① 打开一个空白新终端窗口，输入以下命令，启动 ROS Master。

```
roscore
```

② 打开一个空白新终端窗口，输入以下命令，启动小乌龟仿真器，如图4-1所示。

```
rosrun turtlesim turtlesim_node
```

③ 打开一个空白新终端窗口，输入以下命令，启动乌龟控制节点。这样，就可以通过键盘的上下左右键来控制小乌龟的移动了。

```
rosrun turtlesim turtle_teleop_key
```

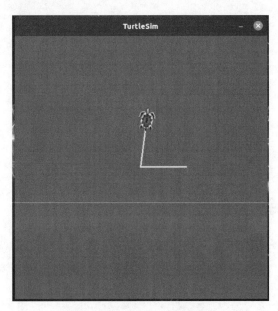

图4-1　启动的小乌龟仿真器界面

上述步骤成功复现了之前的小乌龟仿真例程，其中涉及 ROS 的多个核心概念和机制。之前，通过 rqt_graph 工具查看了仿真器中的节点关系。那么，能否通过命令行来查看当前正在运行的节点呢？答案是肯定的，并且它与 rqt_graph 工具的功能非常相似。通过命令行，也可以迅速获取当前正在运行的节点列表。

4.1.1　rosnode

rosnode 相关命令见表4-1，就上文的小乌龟程序执行对应命令，可实现对应命令功能。

表4-1　rosnode相关命令

命令	功能
rosnode list	查看活动的节点列表
rosnode ping[节点名称]	与指定的节点进行连接测试
rosnode info[节点名称]	查看指定节点的信息
rosnode machine[PC 名称或 IP]	查看该 PC 中运行的节点列表
rosnode kill[节点名称]	停止指定节点的运行
rosnode cleanup	删除失连节点的注册信息

　　打开一个空白新终端窗口，然后输入以下命令。随后，将看到如图4-2所示的帮助信息，这些详细的指南将告知用户如何有效使用这些命令。

rosnode

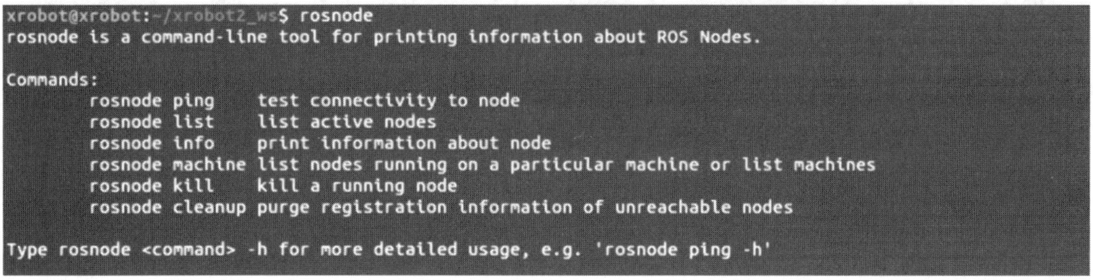

```
xrobot@xrobot:~/xrobot2_ws$ rosnode
rosnode is a command-line tool for printing information about ROS Nodes.

Commands:
	rosnode ping	test connectivity to node
	rosnode list	list active nodes
	rosnode info	print information about node
	rosnode machine	list nodes running on a particular machine or list machines
	rosnode kill	kill a running node
	rosnode cleanup	purge registration information of unreachable nodes

Type rosnode <command> -h for more detailed usage, e.g. 'rosnode ping -h'
```

图4-2　帮助信息

　　如果用户需要查看当前系统中哪些节点正在活跃地运行，可以简单地输入以下命令来查看话题列表，终端会显示正在运行的所有节点。

rosnode list

　　查询结果如图4-3所示。

```
xrobot@xrobot:~/xrobot2_ws$ rosnode list
/rosout
/rqt_gui_py_node_9714
/teleop_turtle
/turtlesim
```

图4-3　rosnode list查询结果

　　注意，/rosout是一个特殊的节点，它作为ROS Master的后台进程，默认情况下会持续监控所有节点的运行状态。通常，用户不需要特别关注这个节点。

至此，读者应对每个节点的名称有初步了解，但对于它们具体在做什么、提供了哪些接口还了解得不够深入。比如，如果想了解/turtlesim仿真器节点提供了哪些功能，可以运用rosnode info命令来查询。只需在命令后输入想要查询的节点名称，然后按回车键，便可查询关于该节点的丰富信息，如图4-4所示。

```
rosnode info

rosnode: error: You must specify at least one node name
xrobot@xrobot:~/xrobot2_ws$ rosnode info /turtlesim

Node [/turtlesim]
Publications:
 * /rosout [rosgraph_msgs/Log]
 * /turtle1/color_sensor [turtlesim/Color]
 * /turtle1/pose [turtlesim/Pose]

Subscriptions:
 * /turtle1/cmd_vel [geometry_msgs/Twist]

Services:
 * /clear
 * /kill
 * /reset
 * /spawn
 * /turtle1/set_pen
 * /turtle1/teleport_absolute
 * /turtle1/teleport_relative
 * /turtlesim/get_loggers
 * /turtlesim/set_logger_level
```

图4-4　rosnode info查询结果

在这里，Publications代表这个节点正在发布哪些话题，Subscriptions表示该节点正在订阅的话题，而Services则表明该节点所提供的服务。

这些信息将帮助用户更全面地了解节点的功能。如果用户决定终止某个节点的运行，可以使用以下命令来实现。一旦节点被关闭，将无法通过键盘控制小乌龟的运动。若要重新获得控制权，需要重新启动该节点，如图4-5所示。还可以通过Ctrl+C组合键直接终止节点运行。

```
rosnode kill

xrobot@xrobot:~/xrobot2_ws$ rosnode kill /teleop_turtle
killing /teleop_turtle
killed
```

图4-5　使用rosnode kill关闭节点

4.1.2　rostopic

rostopic相关命令见表4-2，就上文的小乌龟程序执行对应命令，可实现对应命令功能。

表 4-2   rostopic 相关命令

命令	功能
rostopic list	显示活动的话题目录
rostopic echo[话题名称]	实时显示指定话题的消息内容
rostopic find[类型名称]	显示使用指定类型的消息话题
rostopic type[话题名称]	显示指定话题的消息类型
rostopic bw[话题名称]	显示指定话题的消息带宽
rostopic hz[话题名称]	显示指定话题的消息数据发布周期
rostopic info[话题名称]	显示指定话题的信息
rostopic pub[话题名称][消息类型][参数]	用指定的话题名称发布消息

接下来，将深入学习与话题相关的一些功能指令。在终端中输入以下命令，将获得与话题相关的帮助信息，如图4-6所示。

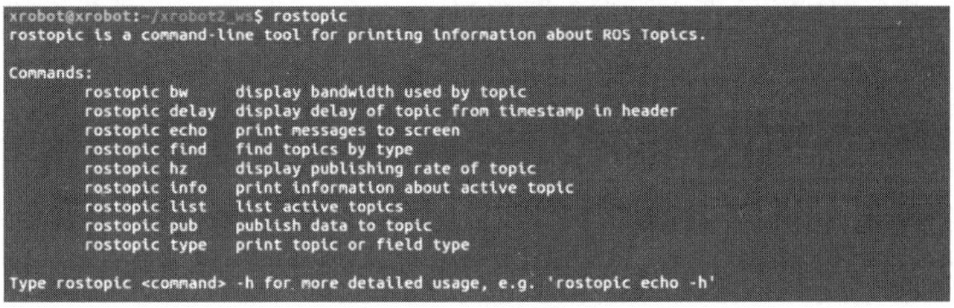

图4-6   rostopic帮助信息

若想了解乌龟或机器人的当前位置，可以通过订阅相关话题来获取当前乌龟的位置信息。只需输入rostopic echo命令，即可将特定消息打印到屏幕上，如图4-7所示。这里，利

图4-7   rostopic echo命令

用rostopic echo命令将乌龟的位姿消息输出到屏幕上。通过坐标信息，可以获知小乌龟的当前位置。这就像一个订阅者订阅了turtle1/pose话题，并将数据打印到当前的终端窗口中。在打印的数据中，---用于分隔上一帧和下一帧的数据，而x、y表示当前乌龟的x、y坐标位置，theta表示乌龟的姿态，linear_velocity和angular_velocity则分别表示线速度和角速度。

可以通过终端命令订阅一个话题或发布一个话题，也可以使用rostopic pub命令来发布话题。例如，通过rostopic pub来发布一个速度指令cmd_vel话题。速度指令包含两个部分：一个是线速度linear，另一个是角速度angular。每个速度又分为x、y、z三个轴的分量。线速度linear是x、y、z三个轴的平移速度，单位是m/s。角速度angular是x、y、z三个轴的旋转速度，单位是rad/s。按下回车键发送指令后，乌龟将按照该速度进行运动。程序如下所示。

```
rostopic pub /turtle1/cmd _vel geometry_msgs/Twist "linear:

    x:0.0

    y:0.0

    z:0.0

angular :

    x:0.0

    y: 0.0

    z:0.0"
```

需要注意的是，以上修改只发布了一次话题消息，因此乌龟只按照该速度运行一次。如果用户希望乌龟持续按照既定速度运行，就需要增加一个频率参数。在此例中，增加了一个频率为10Hz的参数。这样，小乌龟将能够持续运动，而终端后台将以10Hz的频率不断发布0.1m/s沿x轴方向的线速度指令。程序如下所示。

```
rostopic pub - r 10 /turtle1/cmd _vel geometry_msgs/Twist "linear:

    x:0.1

    y:0.0

    z:0.0

angular :

    x:0.0

    y: 0.0

    z:0.0"
```

4.1.3 rosservice

rosservice相关命令见表4-3，就上文的小乌龟程序执行对应命令，可实现对应命令功能。

表4-3　rosservice 相关命令

命令	功能
rosservice list	显示活动的服务信息
rosservice info[服务名称]	显示指定服务的信息
rosservice type[服务名称]	显示服务类型
rosservice find[服务类型]	查找指定服务类型的服务
rosservice uri[服务名称]	显示 ROSRPC URI 服务
rosservice args[服务名称]	显示服务参数
rosservice call[服务名称][参数]	用输入的参数请求服务

接下来，将学习一些与rosservice相关的命令。通过输入以下命令，可以查看相关的子命令帮助信息，如图4-8所示。

```
rosservice
```

```
xrobot@xrobot:~/xrobot2_ws$ rosservice
Commands:
        rosservice args print service arguments
        rosservice call call the service with the provided args
        rosservice find find services by service type
        rosservice info print information about service
        rosservice list list active services
        rosservice type print service type
        rosservice uri  print service ROSRPC uri

Type rosservice <command> -h for more detailed usage, e.g. 'rosservice call -h'
```

图4-8　rosservice帮助信息

打开一个空白新终端，输入下述命令行来启动小乌龟仿真器。启动成功后，将会出现小乌龟仿真器界面，如图4-9所示。

```
rosrun turtlesim turtlesim_node
```

输入下述命令行来启动乌龟控制节点。同时，通过键盘的上下左右键来控制小乌龟运动。

```
rosrun turtlesim turtle_teleop_key
```

图4-9　小乌龟仿真器界面

如需查看当前系统中存在哪些服务，建议使用以下命令进行查询，结果如图4-10所示。

```
rosservice list
```

图4-10　rosservice list查询结果

这些服务都是乌龟仿真器提供的功能。如果用户想要关闭第一只乌龟，可以使用rosservice call /kill命令进行处理，效果如图4-11所示。

```
rosservice call/kill "name: 'turtle1 ' "
```

图4-11　使用rosservice call /kill关闭乌龟

以上便是在ROS中常用的命令行工具的使用方法。每个命令都具备丰富的功能，建议在使用时参考相应的帮助信息。

4.1.4　移动机器人命令行调试

虽然小乌龟是一个虚拟机器人，但为了更贴近实际应用，接下来将使用移动机器人进行测试，其操作原理与小乌龟是完全相同的。

首先，需要启动移动机器人和键盘控制节点。这包括两个步骤：

① 启动机器人底盘。

```
roslaunch xrobot_driver xrobot_bringup.launch
```

② 启动键盘控制功能。

```
roslaunch xrobot_teleop keyboard.launch
```

在此过程中，使用了roslaunch命令。与rosrun指令相似，roslaunch可以启动一个节点。但为了能够同步启动多个节点，ROS提供了一种名为launch的脚本文件。通过roslaunch，可以一键启动多个节点。关于launch文件的详细解释，将在随后学习内容中深入探讨。

当机器人成功启动后，用户需要查看当前运行的系统中到底有哪些节点。这时，可以使用如下的rosnode list命令进行查看。结果图类似于之前的节点图的信息反馈，例如机器人底盘节点、键盘控制节点等，如图4-12所示。

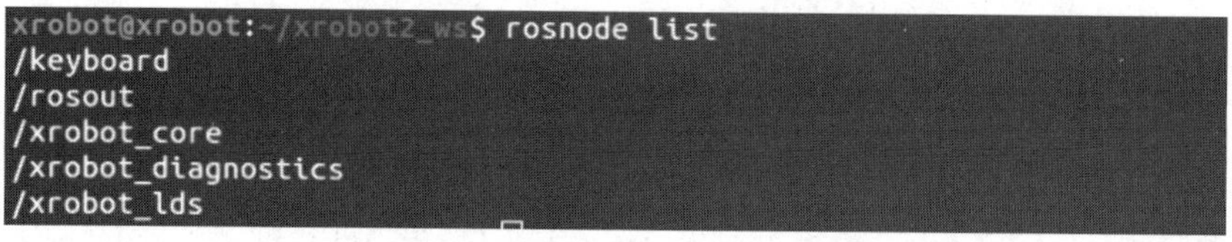

```
xrobot@xrobot:~/xrobot2_ws$ rosnode list
/keyboard
/rosout
/xrobot_core
/xrobot_diagnostics
/xrobot_lds
```

图4-12　使用rosnode list进行查看

```
rosnode list
```

倘若用户需要查看其中某个节点的功能，可以使用rosnode info命令查看。例如，通过rosnode info/xrobot_core，可以了解到机器人底盘节点的基本信息。此时，这个节点正在发布imu、odom、tf等话题，并同时订阅cmd_vel等话题，如图4-13所示。

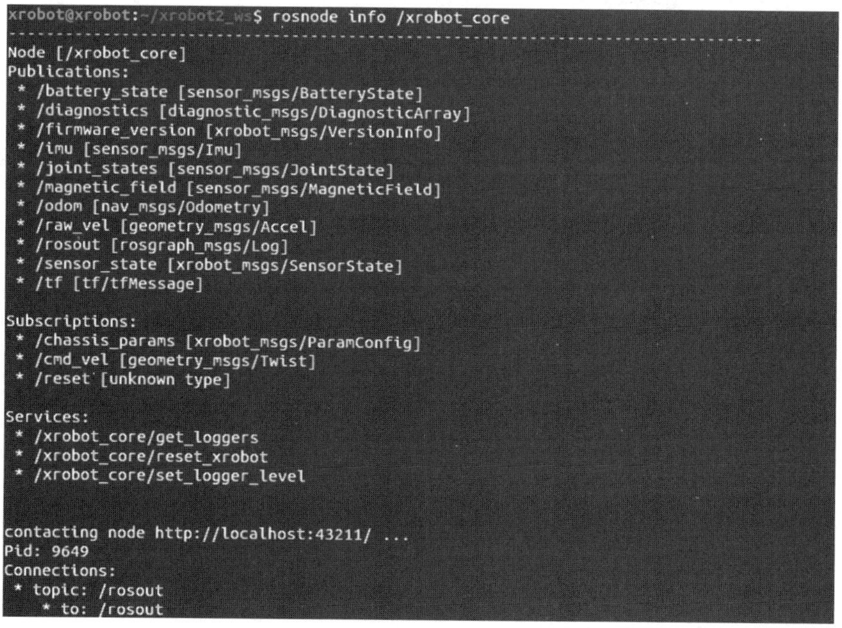

```
xrobot@xrobot:~/xrobot2_ws$ rosnode info /xrobot_core
--------------------------------------------------------
Node [/xrobot_core]
Publications:
 * /battery_state [sensor_msgs/BatteryState]
 * /diagnostics [diagnostic_msgs/DiagnosticArray]
 * /firmware_version [xrobot_msgs/VersionInfo]
 * /imu [sensor_msgs/Imu]
 * /joint_states [sensor_msgs/JointState]
 * /magnetic_field [sensor_msgs/MagneticField]
 * /odom [nav_msgs/Odometry]
 * /raw_vel [geometry_msgs/Accel]
 * /rosout [rosgraph_msgs/Log]
 * /sensor_state [xrobot_msgs/SensorState]
 * /tf [tf/tfMessage]

Subscriptions:
 * /chassis_params [xrobot_msgs/ParamConfig]
 * /cmd_vel [geometry_msgs/Twist]
 * /reset [unknown type]

Services:
 * /xrobot_core/get_loggers
 * /xrobot_core/reset_xrobot
 * /xrobot_core/set_logger_level

contacting node http://localhost:43211/ ...
Pid: 9649
Connections:
 * topic: /rosout
    * to: /rosout
```

图4-13　使用rosnode info进行查看

如果要查看当前系统中有哪些话题，可以使用如下的rostopic list命令，如图4-14所示。查询到系统中存在许多话题，包括相机发布的图像数据以及机器人底盘发布的各种状态信息。

```
rostopic list
```

xrobot@xrobot:~/xrobot2_ws$ rostopic list
/battery_state
/chassis_params
/cmd_vel
/diagnostics
/firmware_version
/imu
/joint_states
/magnetic_field
/odom
/point_cloud
/raw_vel
/reset
/rosout
/rosout_agg
/scan
/sensor_state
/tf
/version_info

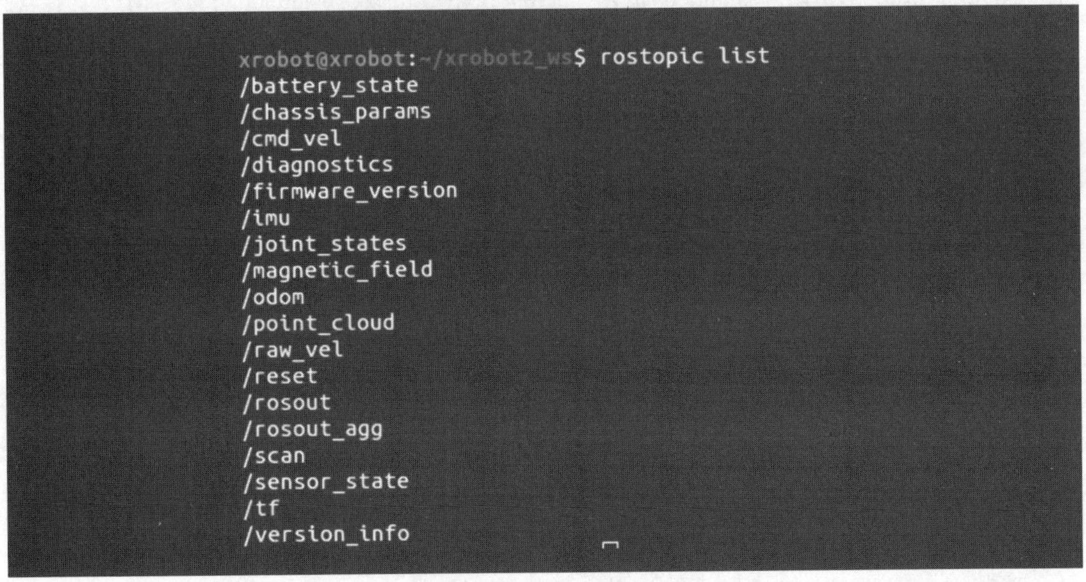

图4-14　使用rostopic list进行查看

若用户想使机器人运动，且保持其速度为1m/s向前移动，可以按照控制小乌龟的方法，通过rostopic向cmd_vel速度话题发布如下的一个消息数据。不久便可看到机器人按照这一指令开始移动。

```
rostopic pub - r 100 /cmd _vel geometry_msgs/Twist "linear:
    x:1.0
    y:0.0
    z:0.0
angular :
    x:0.0
    y: 0.0
    z:0.0"
```

为了查看机器人的位置信息，可以使用下面的rostopic echo命令订阅odom话题的具体数据，如图4-15所示。这里，用户可以清晰地看到机器人当前的x、y坐标和姿态角度。这些信息是通过之前讲解的里程计中的积分计算得出的结果。

```
rostopic echo / odom
```

```
---
header:
  seq: 76
  stamp:
    secs: 1712576123
    nsecs: 811593198
  frame_id: "odom"
child_frame_id: "base_footprint"
pose:
  pose:
    position:
      x: 0.0
      y: 0.0
      z: 0.0
    orientation:
      x: 0.0
      y: 0.0
      z: 0.0
      w: 1.0
  covariance: [0.0, 0.0, 0.0, 0.0, 0.0, 0.0, 0.0, 0.0, 0.0, 0.0, 0.0, 0.0, 0.0, 0.0, 0.0, 0.0, 0.0, 0.0, 0.0, 0.0,
  0.0, 0.0, 0.0, 0.0, 0.0, 0.0, 0.0, 0.0, 0.0, 0.0, 0.0, 0.0, 0.0, 0.0, 0.0, 0.0]
twist:
  twist:
    linear:
      x: 0.0
      y: 0.0
      z: 0.0
    angular:
      x: 0.0
      y: 0.0
      z: 0.0
  covariance: [0.0, 0.0, 0.0, 0.0, 0.0, 0.0, 0.0, 0.0, 0.0, 0.0, 0.0, 0.0, 0.0, 0.0, 0.0, 0.0, 0.0, 0.0, 0.0, 0.0,
  0.0, 0.0, 0.0, 0.0, 0.0, 0.0, 0.0, 0.0, 0.0, 0.0, 0.0, 0.0, 0.0, 0.0, 0.0, 0.0]
---
```

图4-15 使用rostopic echo查看位置信息

在ROS中，每个命令都具备多种功能，本书无法枚举。但追其根源，原理与使用方法都大同小异。在实际使用过程中，可以结合帮助信息，不断地探索和总结。

4.2 launch启动文件

至今为止，每次运行ROS节点或工具时，都需要在新的终端中执行相应的命令。随着系统中节点数量的增多，这种为每个节点启动一个终端的方式会变得非常繁琐。但是，使用launch启动文件能够一次性启动所有节点。

如图4-16所示，launch文件是一种特殊的文件，用于在ROS系统中同时启动多个节点。初看之下，它类似于网页开发中的XML文件。某些网页的源代码与launch文件有着相似的结构，包括许多被尖括号包围的内容和类似于代码但并非代码的参数和内容。这种文件格式的主要目的并非像传统的C语言那样用于描述功能的处理过程，而是专注于数据的保存与传输。从更严格的意义上讲，它是一种标记语言，用于标识和记录所需的关键信息。

那么，launch文件中都包含哪些信息呢？简而言之，launch文件的主要功能是为了启动节点，并包含描述节点的各种信息。通过它，可以更便捷地管理和组织ROS系统中的多个节点，从而提高开发效率和系统的可靠性。

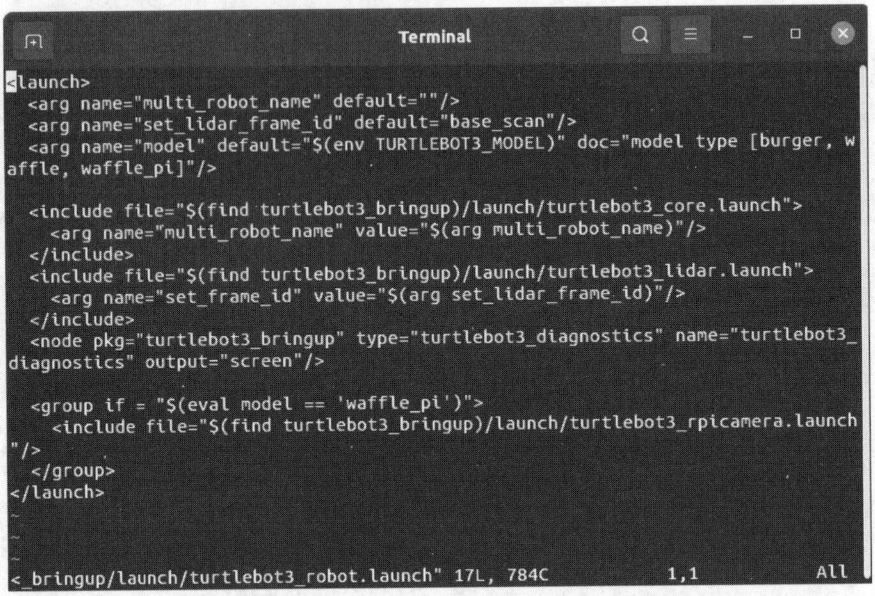

```
Terminal
<launch>
  <arg name="multi_robot_name" default=""/>
  <arg name="set_lidar_frame_id" default="base_scan"/>
  <arg name="model" default="$(env TURTLEBOT3_MODEL)" doc="model type [burger, w
affle, waffle_pi]"/>

  <include file="$(find turtlebot3_bringup)/launch/turtlebot3_core.launch">
    <arg name="multi_robot_name" value="$(arg multi_robot_name)"/>
  </include>
  <include file="$(find turtlebot3_bringup)/launch/turtlebot3_lidar.launch">
    <arg name="set_frame_id" value="$(arg set_lidar_frame_id)"/>
  </include>
  <node pkg="turtlebot3_bringup" type="turtlebot3_diagnostics" name="turtlebot3_
diagnostics" output="screen"/>

  <group if = "$(eval model == 'waffle_pi')">
    <include file="$(find turtlebot3_bringup)/launch/turtlebot3_rpicamera.launch
"/>
  </group>
</launch>
~
~
~
<_bringup/launch/turtlebot3_robot.launch" 17L, 784C          1,1          All
```

图4-16　launch文件

4.2.1　基本元素

现在，通过一个简单的launch文件来初步了解其结构。

```
<launch >
    < node pkg ="turtlesim" name = "siml" type = "turtlesim_node" />
    < node pkg= "turtlesim" name = "sim2" type = "turtlesim_node"/>
</launch >
```

以上是一个完整且结构清晰的XML描述的launch文件，其中包含一个根元素<launch>和两个节点元素<node>。pkg对应功能包的名称，type是指实际运行的节点的名称（节点名），Name是上述type对应的节点被运行时起的名称（运行名），一般情况下使用与type相同的名称，但可以根据需要，在运行时更改名称。

（1）<launch>

XML文件必须有一个根元素，而在launch文件中，这个根元素是由<launch>标签来定义的。所有的其他内容，包括节点定义等，都必须包含在这个标签之内，如下所示。

```
<launch >
    ...
</launch >
```

（2）<node>

launch 文件的核心是启动 ROS 节点，这是通过 <node> 标签来实现的。其语法参考以下示例。

```
< node pkg= "package - name" type = "executable - name" name = "node - name"/>
```

在定义节点时，需要三个关键的属性：pkg、type 和 name。pkg 属性定义了节点所在的功能包的名称，type 属性定义了节点的可执行文件名称，这两个属性与在终端中使用 rosrun 命令来执行节点时的输入参数是相对应的。name 属性用于定义节点运行的名称，它会覆盖节点中 init（）函数赋予的节点名称。除了上述三个常用属性外，还有其他一些可能用到的属性：

① output="screen"。该属性将节点的标准输出打印到终端屏幕上，默认情况下，输出会被记录到日志文件中。

② respawn="true"。复位属性，当该节点停止时，它会自动重启。默认情况下，值为 false。

③ required="true"。该属性标识了一个必要节点。当该节点终止时，launch 文件中的所有其他节点也会被终止。

④ ns="namespace"。该属性用于为节点内的相对名称添加命名空间前缀。

⑤ args="arguments"。该属性用于传递节点所需的输入参数。

常见的其他 launch 文件的标签见表 4-4 所示。通过了解这些属性和标签，可以开始编写更复杂和高效的 launch 文件，从而更方便地管理和启动 ROS 系统中的多个节点。

表 4-4　launch 标签

名称	说明
<launch>	指 roslaunch 语句的开始和结束
<node>	这是关于节点运行的标签，可以更改功能包、节点名称和执行名称
<machine>	可以设置运行该节点的 PC 的名称、address、ros-root 和 ros-package-path
<include>	可以加载属于同一个功能包或不同的功能包的另一个 launch，并将其作为一个 launch 文件运行
<remap>	可以更改节点名称、话题名称等，在节点中用到的 ROS 变量的名称
<env>	设置环境变量，如路径和 IP（很少使用）
<param>	设置参数名称、类型、值等
<rosparam>	可以像 rosparam 命令一样，查看和修改 load、dump 和 delete 等参数信息
<group>	用于分组正在运行的节点
<test>	用于测试节点
<arg>	可以在 launch 文件中定义一个变量，以便在运行时更改参数

4.2.2　参数设置

为更加灵活适应任务要求，方便配置和修改，launch 文件提供了参数设置的功能，这与编程语言中的变量声明非常相似。在参数设置方面，存在两个标签元素：<param> 和 <arg>，即 parameter 与 argument。虽然它们都被翻译为"参数"，但它们在 ROS 系统中的作用是完全不同的。

（1）<param>

<param> 标签用于加载 ROS 系统运行中的参数，这些参数存储在参数服务器中。当 launch 文件执行后，这些参数就会被加载到 ROS 的参数服务器上。任何活跃的节点都可以通过 ros::param::get（）接口来获取这些参数的值，用户也可以在终端中使用 rosparam 命令来查看参数的值。

使用 <param> 标签的示例如下：

```
<param name="output_frame" value = "odom"/>
```

在上面的示例中，当 launch 文件执行后，output_frame 参数的值就被设置为 odom，并被加载到 ROS 参数服务器上。然而，在复杂的系统中，可能有很多参数需要设置。为了简化这个过程，ROS 提供了如下的另一种参数加载方式——<rosparam>。

```
<rosparam file = " $ (find 2dnav_pr2) /config/costmap_common_params.yaml"command=
"load" ns= "local_costmap" />
```

<rosparam> 标签可以将一个 yaml 格式文件中的所有参数加载到 ROS 参数服务器上。在使用 <rosparam> 时，需要设置 command 属性为 load，并可以选择设置命名空间 ns。

（2）<arg>

与 <param> 不同，<arg> 标签代表的是 launch 文件内部的局部变量。这些变量仅限于在 launch 文件内部使用，有助于重构 launch 文件，但与 ROS 节点内部的实现无关。

使用 <arg> 标签定义变量的语法如下：

```
<arg name= "arg - name" default="arg- value"/>
```

当在 launch 文件中需要使用这些变量时，可以通过以下方式调用：

```
<param name = "foo" value = " $ (arg arg - name)" />

< node name = "node" pkg = "package" type = "type" args=" $ (arg arg - name)"/>
```

通过 <arg> 标签，可以更方便地在 launch 文件中管理和使用局部变量，从而提高配置和修改的效率。

4.2.3　重映射机制

ROS 的设计初衷之一就是提高代码的复用性。在 ROS 社区中，开发者们可以便捷地共享和重用各种功能包，而无需深入了解它们的内部实现细节。然而，这也带来了一个问题：不同功能包的接口可能并不完全兼容系统。

为了解决这个问题，ROS 提供了一种非常有用的机制——重映射（remapping）。这种机制类似于 C++ 中的别名概念，允许用户在不修改功能包接口的情况下，为其接口名称指定一个新的别名。这样，只要接口的数据类型保持一致，系统就能够正确地识别和使用这些接口。在 launch 文件中，可以通过 <remap> 标签来实现这一功能。

举个例子来说，假设用户正在使用 turtlebot 机器人，并且它的键盘控制节点发布的速度控制指令话题是 /turtlebot/cmd_vel。但是，机器人订阅的速度控制话题实际上是 /cmd_vel。此时，可以利用 <remap> 标签轻松地将 /turtlebot/cmd_vel 重映射为 /cmd_vel，从而让机器人能够正确地接收到速度控制指令，如下所示。

```
<remap from= "/turtlebot/cmd_vel" to = "/cmd_vel"/>
```

4.2.4　嵌套复用

在复杂的 ROS 系统中，通常会涉及多个 launch 文件，这些文件之间可能存在着依赖关系。若想要直接复用某个已有 launch 文件中的内容，可以利用 <include> 标签来包含其他 launch 文件。这与 C 语言中的 #include 预处理指令是类似的。

```
<include file=" $ (dirname)/other.launch" />
```

launch 文件在 ROS 框架中展现出极高的实用性和灵活性，它好似一种高级编程语法或指令集，为开发者提供了强大的工具来管理系统启动时的各个方面。在 ROS 的使用过程中，大多情况不需要编写大量的代码，而只需通过编辑已有的功能包和 launch 文件，即可实现机器人的多种功能。

本节内容仅对 launch 文件中常用的一些标签元素进行了简要介绍。如果读者想要深入了解更多高级的标签元素和用法，建议访问 ROS 的官方网站进行学习。

4.2.5　移动机器人的 launch 文件

若以机器人底盘启动时运行的文件 xrobot_core.launch 为例，如图 4-17 所示，可以深入探讨它所启动的各种功能。该文件主要完成了以下任务。

首先，它使用了 <argument> 标签定义了三个关键参数，这些参数在整个启动过程中都非常重要。第一个是端口号，设置机器人控制器和驱动板之间通信的串口设备号。第二个

```
<launch>
    <!-- 底盘串口端口 -->
    <arg name="port" default="/dev/XCOM0"/>
    <arg name="baud" default="115200"/>
    <arg name="multi_robot_name" default=""/>

    <node pkg="xrobot_driver" type="serial_node.py" name="xrobot_core" output="screen">
        <param name="port" value="$(arg port)"/>
        <param name="baud" value="$(arg baud)"/>
        <param name="auto_reset_timeout" value="0.1"/>
        <param name="tf_prefix" value="$(arg multi_robot_name)"/>
    </node>
</launch>
```

图4-17　launch文件

是波特率，默认的是115200。第三个是多机器人参数，这里默认是空。

接下来是一个<node>标签启动一个节点，这里node标签启动的是机器人和底盘之间通信的程序。

通过分析ROS教育机器人的启动文件，不仅能够深入了解如何利用launch文件配置多节点的启动过程，还能清楚地看到一款典型机器人所需具备和启动的各种核心功能。这对于机器人开发和维护人员来说是非常有价值的。

4.3　TF坐标变换

TF（transform）坐标变换是空间实体的位置和姿态在不同坐标系之间转换的过程。在机器人操作系统中，机器人模型由多个部件组成，每个部件都有一个与之绑定的坐标系（frame）。例如，手部、头部、关节或连杆都可以被看作是一个link，与之对应的frame用来表示该部件的坐标系。在ROS中，TF维护了一个称为"tf tree"的树状数据结构，它随时间缓冲并维护多个坐标系之间的变换关系。这种结构有助于开发者在任意时间点进行坐标系间的坐标变换。

如图4-18所示，坐标系 A 和 B 是两个不同的坐标系。在坐标系 A 中，位姿可以通过平移和旋转变换为坐标系 B 中的位姿。这种平移和旋转变换可以通过一个4×4的变换矩阵来描述。

TF坐标变换在机器人系统和计算机视觉等领域中扮演着关键角色，它使得不同部件和传感器之间的数据能够统一到一个共同的参考框架下，从而简化了系统的集成和操作。

4.3.1　TF功能包

TF提供了一个功能包，它允许用户跟踪多个坐标系之间的关系，并能够处理随时间变化的变换。在机器人系统中，经常需要将传感器数据从一个坐标系转换到另一个坐标系。例如，激光雷达的数据需要在机器人的基坐标系下解释，而相机数据可能需要在末

机器人中的坐标变换

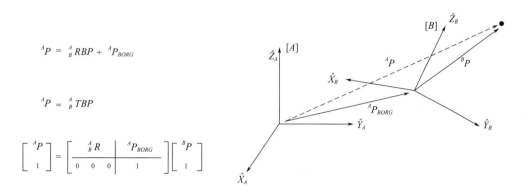

$$^AP = {}^A_B RBP + {}^A P_{BORG}$$

$$^AP = {}^A_B TBP$$

$$\begin{bmatrix} {}^AP \\ 1 \end{bmatrix} = \begin{bmatrix} {}^A_B R & {}^A P_{BORG} \\ \hline 0\ \ 0\ \ 0 & 1 \end{bmatrix} \begin{bmatrix} {}^BP \\ 1 \end{bmatrix}$$

某位姿在A、B两个坐标系下的坐标变换

图4-18　某位姿在A、B两个坐标下的坐标变换

端执行器的坐标系下解释。TF 功能包提供
了一种标准化的方法来处理这些坐标系之
间的转换。

如图 4-19 所示，一个机器人系统通常
有很多三维坐标系，而且随着时间的推移
变化，如世界坐标系、基坐标系、机械爪
坐标系、机器人头部坐标系等。

TF 功能包的主要功能包括：

① 时间戳。TF 能够处理随时间变化的
坐标变换，这对于动态系统尤其重要。

② 缓冲区。TF 维护一个称为 tf tree 的
树状数据结构，它随时间缓冲并维护多个

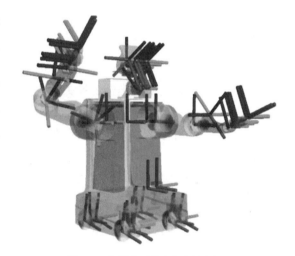

图4-19　机器人系统中复杂的坐标系

坐标系之间的变换关系。这使得即使在没有实时输入的情况下，也能够查询过去某一时刻
的坐标系关系。

③ 监听和广播。TF 允许节点监听特定的坐标变换，当这些变换可用时，它们会自
动接收更新。同时，节点也可以广播它们当前的坐标变换，使得其他节点可以订阅这些
信息。

数据结构 TF 则使用 4×4 的齐次变换矩阵来描述坐标系之间的变换，包括旋转和
平移。

在 ROS 中，TF 还作为一个话题（/tf），话题中的消息保存了 tf tree 的数据结构格式。
通过这个话题，节点可以发布或订阅坐标变换信息，以便于执行任务或进行计算。

TF 不仅提供了一个强大的框架来处理坐标变换，还为多传感器数据融合和多模块系
统集成提供了基础支持。TF 广泛应用于机器人导航、运动规划、传感器融合等领域，它
是实现多传感器数据融合和多模块系统集成的关键工具。

4.3.2 TF工具

在ROS中，TF提供了一系列的工具来帮助用户查看、操作和调试坐标变换。

（1）tf_monitor

tf_monitor是一个用于实时监控ROS中TF信息的实用工具，它可以显示关于坐标系和它们之间的变换关系的数据流。这个工具通常在开发和调试机器人系统时非常有用，因为它可以即时地反馈不同部件之间的相对位置和方向。

使用tf_monitor时，用户可以看到如下信息：时间戳，每个变换的时间戳，这有助于跟踪动态变化；坐标系名称，涉及转换的源坐标系和目标坐标系的名称；位置，表示平移分量的x、y、z坐标；四元数，表示旋转分量的四元数，或者在某些情况下是欧拉角或轴角表示；持续时间，从坐标系创建到当前时间的时间差。

tf_monitor可以通过ROS的命令行工具rqt启动，具体命令为rqt tf_monitor。在rqt界面中，用户可以选择性地订阅特定的坐标系或话题，以便监控感兴趣的特定变换。

（2）tf_echo

tf_echo是一个用于在ROS中监听和打印坐标变换信息的工具。它可以帮助开发者调试和理解机器人系统中的坐标变换关系。

使用tf_echo时，用户可以看到如下信息：时间戳，每个变换的时间戳，这有助于跟踪动态变化；坐标系名称，涉及转换的源坐标系和目标坐标系的名称；位置，表示平移分量的x、y、z坐标；四元数，表示旋转分量的四元数，或者在某些情况下是欧拉角或轴角表示；持续时间，从坐标系创建到当前时间的时间差。

若要使用tf_echo，输入以下指令。其中[topic_name]为要监听的坐标话题的名称。

```
rosrun tf echo [topic_name]
```

例如，如果要监听名为/joint1_to_base_link的话题，可以输入以下指令。这将启动tf_echo，并开始并打印来自/joint1_to_base_link话题的坐标变换信息。

```
rosrun tf echo /joint1_to_base_link
```

（3）static_transform_publisher

static_transform_publisher用于发布不随时间变化的静态坐标变换。这个工具特别适用于在机器人启动时或者在没有实时数据可用的情况下，定义和发布固定的坐标系之间的关系。

static_transform_publisher具有如下特点：

① 静态变换。该工具发布的变换是静态的，即它们不会随时间更新或改变。这对于表示永久不变的关系非常有用，例如一个机械臂的底座与工作空间之间的固定位置关系。

② 配置方式。通常通过修改配置文件来设置需要发布的静态变换。配置文件中包含了源坐标系、目标坐标系以及它们之间的平移和旋转关系。

③ 启动时自动加载。在 ROS 系统中，static_transform_publisher 通常会在系统启动时自动加载其配置，并开始发布静态变换信息。这通常是通过在启动文件中添加相应的指令来实现的。

④ URDF 文件。在某些情况下，static_transform_publisher 也可以从统一机器人描述格式（URDF）文件中读取静态变换信息，并在 ROS 启动时自动加载这些信息。

⑤ 调试和测试。在开发过程中，如果需要手动设置某个组件的位置或方向来进行测试，static_transform_publisher 可以方便地实现这一需求。

⑥ 命令行参数。除了配置文件，static_transform_publisher 也可以通过命令行参数直接指定要发布的变换，这对于临时的调试和测试非常有用。

⑦ 兼容性。static_transform_publisher 与 ROS 的其他部分紧密集成，确保了与其他使用 TF 信息的节点和工具的兼容性。

使用 static_transform_publisher 可以在不需要动态计算变换的情况下，为机器人系统提供稳定的参考框架，从而简化了系统的初始化和配置过程。

（4）view_frames

view_frames 用于实时查看和监控当前系统中的所有坐标变换。这个工具可以帮助开发者更好地理解机器人系统中不同部件之间的相对位置和方向。

view_frames 具有以下特点：

① 可视化界面。view_frames 提供了一个图形化的用户界面，可以实时显示当前的坐标系及其之间的关系。用户可以通过这个界面来浏览、搜索和筛选不同的坐标系。

② 时间戳。每个变换都会显示一个时间戳，这有助于跟踪动态变化。

③ 坐标系名称。涉及转换的源坐标系和目标坐标系的名称。

④ 持续时间。从坐标系创建到当前时间的时间差。

⑤ 平移分量。表示平移分量的 x、y、z 坐标。

⑥ 旋转分量。表示旋转分量的四元数，在某些情况下用欧拉角或轴角表示。

⑦ 订阅功能。用户可以选择订阅特定的话题以获取相关的坐标变换信息，例如可以订阅某个机器人臂的话题来查看其关节之间的变换关系。

⑧ 导出功能。用户可以将当前视图中的坐标变换导出到文件，以便后续分析或导入到其他软件中。

4.3.3　小乌龟例程中的TF

以前文小乌龟仿真例程展示 TF 功能。该例程的功能包 turtle_tf 可以使用如下安装命令。

```
sudo apt-get install ros-kinetic-turtle-tf
```

完成安装后使用以下命令运行。

> roslaunch turtle_tf turtle_tf_demo.launch

　　使用以下命令打开乌龟仿真器时会出现两只小乌龟（如图4-20所示），并且下方的小乌龟会自动跟随位于中心的小乌龟。打开键盘控制节点，控制位于中心的小乌龟运行。

> rosrun turtlesim turtle_teleop_key

　　位于下方的小乌龟会跟随位于中心的小乌龟运动，轨迹如图4-21所示。在此例程中，使用TF工具来查看此例程中的TF树，命令如下所示。

> rosrun tf view_frames

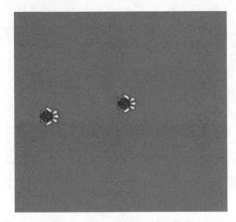 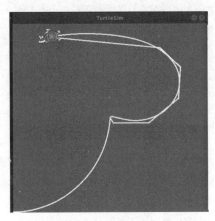

图4-20　乌龟仿真器的启动界面　　　　　图4-21　乌龟跟随移动

　　如图4-22所示，系统内设定了三种坐标系，即world、turtle1和turtle2。其中，world

view_frames Result

Recorded at time:1499181868.889

world

Broadcaster:/turtle1_tf_broadcaster
Average rate:62.699Hz
Most recent transform:1499181868.874(0.015 sec old)
Buffer length:4.896 sec

Broadcaster:/turtle2_tf_broadcaster
Average rate:62.699Hz
Most recent transform:1499181868.874(0.015 sec old)
Buffer length:4.896 sec

turtle1　　　　　　　　　turtle2

图4-22　乌龟跟随例程中的TF树

代表的是世界或基础坐标系，它是构建系统的基石，其他所有坐标系都是参照此坐标系来建立的，因此，我们可以将world视为TF树的根节点。在这个世界坐标系的基础上，我们为两只乌龟各自建立了一个乌龟坐标系，这两个乌龟坐标系的原点，就是这两只乌龟在世界坐标系中的位置。

若要实现turtle2跟随turtle1移动，则需要turtle2坐标系向turtle1坐标系移动，这就需要以下了解两种坐标系的变换方式，公式如下。

$$T_{turtle1\_turtle2} = T_{turtle1\_world} T_{world\_turtle2}$$

使用tf_echo工具，输入以下指令，在TF数中查找乌龟坐标系之间的变换关系如图4-23所示。

```
rosrun tf tf_echo turtle1 turtle2
```

```
At time 1610505165.146
- Translation: [0.000, 0.000, 0.000]
- Rotation: in Quaternion [0.000, 0.000, 0.707, 0.707]
            in RPY (radian) [0.000, -0.000, 1.571]
            in RPY (degree) [0.000, -0.000, 90.000]
At time 1610505166.154
- Translation: [0.000, 0.000, 0.000]
- Rotation: in Quaternion [0.000, 0.000, 0.707, 0.707]
            in RPY (radian) [0.000, -0.000, 1.571]
            in RPY (degree) [0.000, -0.000, 90.000]
```

图4-23　乌龟坐标系之间的变换关系

4.4　可视化工具

ROS提供了一系列强大的可视化工具，旨在满足开发过程中的各种需求，包括数据可视化和三维仿真等。

4.4.1　Rviz

Rviz是ROS中一个核心的可视化工具，它主要用于数据的直观展示。无论是机器人摄像头捕捉的图像、机器人的三维模型结构，还是机器人所处环境的地图信息，以及机器人在导航过程中生成的各种路径，Rviz都能提供清晰的视觉呈现。

Rviz的核心框架基于QT可视化工具构建，是一个开放式的平台。它预装了众多针对机器人开发的常用可视化插件。只需按照ROS中的规范发布相应的话题，就可以在Rviz中看到对应的数据可视化效果。如果对默认的显示效果不满意，或者希望添加新的显示功能，开发者还可以在Rviz的基础上进行二次开发，以满足个性化的需求。

随后，将引导用户启动Rviz。首先，在第一个终端中启动roscore，然后在另一个终端中输入相应的命令来启动Rviz。启动Rviz的命令如下所示。成功启动后，将看到如图4-24所示的界面。

```
rosrun rviz rviz
```

Rviz界面主要分为以下几个区域：

① 3D视图区。用于显示各种数据，当前没有任何数据时，该区域会显示为黑色。

② 工具栏。提供了一系列工具，如视角控制、目标设置和发布地点等。

③ 显示项列表。展示了当前选定的显示插件，并允许用户配置每个插件的属性。

④ 视角设置区。允许用户选择多种观测视角来观察数据。

⑤ 时间显示区。展示了当前的系统时间和ROS时间。

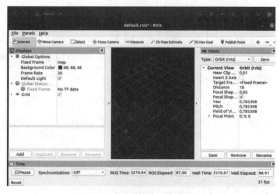

图4-24　Rviz成功启动的界面

下面将通过一个实例来演示如何在Rviz中显示图像数据。注意，任何显示都需要有相应的数据支持。为了展示图像，首先需要确保相机正在运行并发布图像数据。

输入以下指令启动相机。

```
roscore

roslaunch astra_camera astra.launch
```

如若要在Rviz中显示某个内容（例如图像），用户只需单击显示项列表区中的 Add 按钮进行添加。由于需要功能为图像显示，因此在显示的列表中选择image，如图4-25所示。

完成选择后，用户会在左侧看到一个新增的窗口。此时，该窗口还没有订阅任何图像话题。选择显示项列表中出现的image，然后选择image topic，再选择当前发布的图像话题（例如image_raw）。完成这些步骤后，用户在Rviz界面中应看到如图4-26所示的图像信息。

图4-25　添加image图像

图4-26　添加image话题

4.4.2　rqt

相较于Rviz这一全面而强大的可视化平台，rqt作为ROS中的QT工具箱，提供了更为轻量级和针对性的工具集，尤其适合那些不需要过多显示或配置的用户。rqt菜单中约有

30个插件，其中大部分是官方默认插件，非官方的插件需要用户自行添加，当然也可以自行开发。常见的插件见表4-5。

表4-5　rqt插件表

名称	插件	功能
动作（Action）	Action Type Browser	查看动作类型的数据结构的插件
配置（Configuration）	Dynamic Reconfigure	用于更改节点参数值的插件
	Launch	roslaunch 的 GUI 插件
自检（Introspection）	Node Graph	一种图形视图类型的插件，可以检查当前运行中的节点间的关系图与消息的流动
	Package Graph	图形视图插件，显示功能包的依赖关系
	Process Monitor	可以检查当前正在运行的节点的PID（进程 ID）、CPU 利用率、内存使用情况和线程数
日志（Logging）	Bag	与 ROS 数据记录相关的插件
	Console	允许用户在一个屏幕中查看来自节点的警告（Warning）和错误（Error）等消息的插件
	Logger Level	通过选择负责发布日志的记录器节点来设置 Debug、Info、Warn、Error 和 Fatal 等日志信息（称为记录器级别）的工具
机器人工具（Robot Tools）	Controller Manager	允许用户检查机器人控制器的状态、类型和硬件接口信息插件
	Diagnostic Viewer	检查机器人设备和错误的插件
	MoveIt! Monitor	查看运动规划的 MoveIt! 数据插件
	Robot Steering	手动控制机器人的 GUI 工具
	Runtime Monitor	可以实时查看节点中发生的警告或错误的插件
服务（Services）	Service Caller	GUI 插件可以连接到正在运行中的服务器，并请求服务
	Service Type Browser	用于检查服务类型的数据结构插件
话题（Topics）	Easy Message Publisher	允许用户在 GUI 环境中发布话题的插件
	Topic Publisher	可以发布话题的 GUI 插件
	Topic Type Browser	检查话题类型的数据结构的插件
	Topic Monitor	列出当前正在使用的话题，并确认用户选择的话题信息的插件
可视化（Visualization）	Image View	检查相机的图像数据的插件
	Navigation Viewer	用于在导航中检查机器人的位置和目标点的插件
	Plot	绘制二维数据图的 GUI 插件
	Pose View	显示机器人模型和 TF 的姿态（pose，位置和方向）的插件
	Rviz	3D 可视化工具插件
	TF Tree	图形视图插件，它用树形图显示了通过 TF 收集的每个坐标之间关系

接下来，介绍rqt工具箱中常用的四种工具。首先，确保用户的终端已启动，并使用以下命令运行小乌龟例程以提供仿真环境，如图4-27所示。这将为后续的演示提供直观的背景。

```
roscore

rosrun turtlesim turtlesim_node

rosrun turtlesim turtle_teleop_key
```

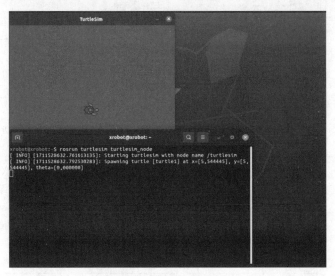

图4-27　运行小乌龟例程

　　第一个常用插件是rqt_graph。如图4-28所示，它能清晰地展示ROS环境中各个节点之间的关系。对于熟悉ROS节点通信的用户来说，这是一个非常实用的工具。

```
rqt_graph
```

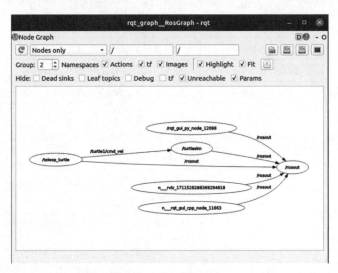

图4-28　计算图可视化工具——rqt_graph

　　rqt_console则是日志显示工具。通过它，可以实时查看系统中的日志信息，例如当用户使用键盘控制小乌龟运动时，该工具会捕获并显示相关的预警信息。如图4-29所示，日志中包含了序号、内容、级别、节点、话题、时间和位置等详细信息，这对于后续的机器人功能调试和问题排查非常有帮助。用户还可以利用搜索栏快速定位关键内容，从而提高调试效率。

rqt_console

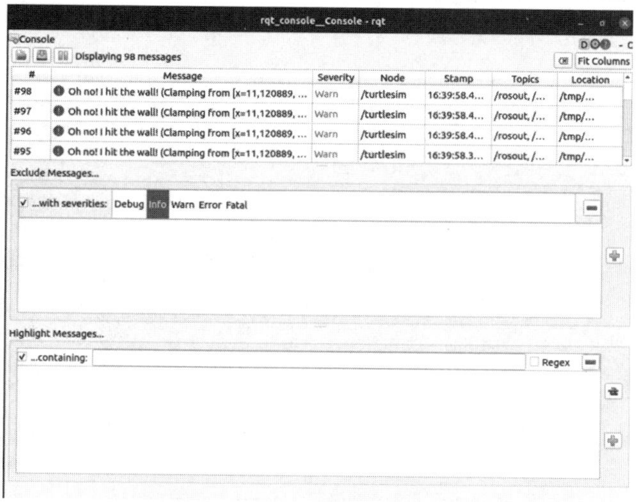

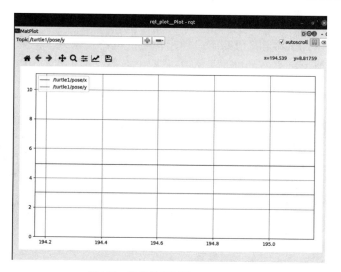

图4-29　日志显示工具——rqt_console

rqt_plot作为数据绘图工具，特别适用于可视化数据的趋势和变化，例如用户可以选择将小乌龟的pose数据绘制成图形。只需在Topic中选择pose，并点击"+"号开始绘制。当用户通过键盘控制乌龟移动时，将看到数据图形的实时变化，如图4-30所示。

rqt_plot

图4-30　数据绘图工具——rqt_plot

最后，rqt_image_view 是一个专门用于显示图像话题数据的工具。如图4-31所示，启动相机，选择相应的话题。随后，该工具将展示当前系统发布的图像数据，为用户提供直观的视觉体验。

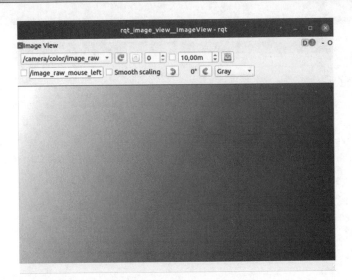

图4-31　图像渲染工具——rqt_image_view

4.4.3　Gazebo

当缺乏实际数据或实物机器人时，仿真软件成为了不可或缺的工具。在ROS生态系统中，Gazebo是最受欢迎的三维物理仿真软件之一。它能够精确而高效地模拟机器人在复杂室内外环境中的行为。类似于游戏引擎，Gazebo提供了高度逼真的物理仿真，为程序和用户提供交互接口。

Gazebo的典型应用场景广泛，包括测试机器人算法、机器人设计以及现实情景下的回溯测试。简而言之，Gazebo能够帮助用户创建和验证机器人系统，例如：当开发火星车时，可以在Gazebo中模拟火星表面的环境；对于无人机系统，由于续航和飞行限制，无法频繁使用实物进行实验，此时，利用Gazebo进行仿真可以大大提高开发效率，如图4-32所示。

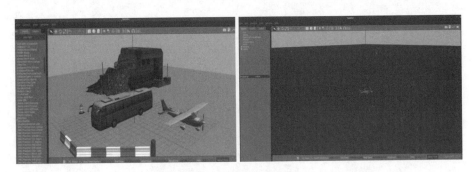

图4-32　Gazebo仿真界面

要开始使用Gazebo，只需在终端中输入以下命令即可启动。

```
gazebo
```

Gazebo的界面如图4-33所示，中间区域展示了三维仿真环境，未来机器人和周边场景将在此显示。左侧区域列出了当前加载的仿真模型。上方的工具栏提供了调整仿真模型视角和大小的功能，同时还包括一些基本的三维物体供用户选择，如正方体、球体、圆柱体等。此外，还可以调整光线位置，为仿真场景添加更多细节。

为了使用Gazebo进行仿真，用户需要在ROS中创建机器人的URDF仿真模型或Gazebo的SDF模型。这些模型定义了机器人的结构和属性，使Gazebo能够准确地模拟其行为。通过创建和配置这些模型，可以在Gazebo中创建一个逼真的机器人系统，以进行算法测试、设计验证以及性能优化。

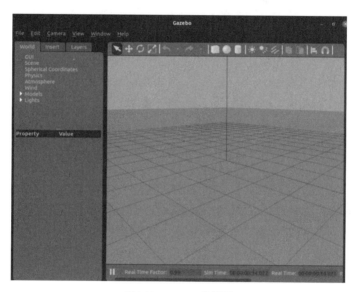

图4-33 Gazebo的界面

需要注意的是，加载某些模型可能需要连接国外网站。为确保模型顺利加载，建议用户提前将模型文件下载并放置到本地路径~ /.gazebo/models下。

4.5 本章小结

本章我们探索学习了ROS框架下的命令行工具，这些基础命令使用户能够轻松发布机器人的运动指令或订阅机器人的各种状态信息。并通过学习ROS的launch启动文件，了解如何使用各种标签一次性启动并配置多个ROS节点。此外，还深入研究了ROS中的可视化工具，如Rviz、rqt和Gazebo。这些工具不仅可以帮助用户以图形化的方式展示各种数据，还能够创建虚拟仿真环境，为机器人开发提供强大的支持。

 知识测评

一、选择题

1. 如需查看当前系统有哪些激活的节点，需要使用（　　）指令。

A. rostopic　　　B. rosnode list　　　　C. rosmsg　　　　　　D. rosservice

2. 如需查看当前系统有哪些激活的话题，需要使用（　　）指令。

A. rostopic　　　B. rosnode list　　　　C. rosmsg　　　　　　D. rosservice

3. 能够显示当前 ROS 环境和节点的关系的工具是（　　）。

A. Rviz　　　　B. rqt_graph　　　　C. rqt_plot　　　　　D. rqt_console

4. 用于在 ROS 中启动多个节点的配置文件被称作（　　）。

A. Package　　　B. Node　　　　C. Launch file　　　D. Stack

5. ROS 中的 rosrun 命令是用来（　　）。

A. 运行一个节点　　　　　　　B. 查看当前活跃节点

C. 关闭一个节点　　　　　　　D. 修改参数

二、判断题

1. ROS 的通信机制使得机器人可以更加高效地与其他机器人或设备进行交互和协作。　　　　　　　　　　　　　　　　　　　　　　　　　　　（　　）

2. ROS 的 launch 文件使用 XML 格式来描述节点及其参数。　　（　　）

3. rostopic 是一个用于检查、发布和接收话题的命令行工具。　（　　）

4. ROS 的 launch 文件可以通过 XML 格式定义和启动多个节点　（　　）

5. ROS 的命令行工具只能用于运行节点，不能用于查看节点信息。（　　）

三、填空题

1. 常见的可视化工具有_____种，都需要_____来启动。

2. ROS 系统中参数设置的标签元素有_____个，分别是_____。

3. ROS 中_____工具用于查看系统中的话题和节点信息。

4. 在 ROS 中，_____是一种用于可视化 ROS 话题数据的工具。

5. roslaunch 命令用于执行包含一系列命令的_____文件。

第5章

移动机器人基础编程

智能移动机器人是智能机器人领域中的一个重要分支，智能化对于这类机器人而言具有举足轻重的作用。在实际操作中，机器人需要具备一定的自主性，能够独立完成特定的应用任务。为实现这些功能，需要通过编程来赋予机器人相应的能力。

在任何学科或技能的学习中，基础知识和基本技能的学习都是地基工程。万丈高楼平地起，扎实学习基础知识和基础能力才能在前人之上进行创新拓展，正如物理学家牛顿所言"我是站在巨人的肩膀上"。

本章将带领大家学习在ROS环境下，如何进行移动机器人的基础编程，掌握实现机器人自主行动所必需的关键技能，为后续高级编程的学习打下坚实基础。

 学习目标

（1）知识目标

① 理解常用的编程语言（如Python、C++等）在移动机器人编程中的应用及其特点。

② 熟悉编程基础概念，如变量、数据类型、控制结构、函数等，并能够编写简单的程序。

（2）能力目标

① 能够分析移动机器人在编程过程中遇到的问题，如代码错误、逻辑问题等，并提出有效的解决方案。

② 能够使用编程语言编写移动机器人的控制程序，实现机器人的基本运动、传感器数据采集等功能。

（3）素养目标

① 遵守编程规则，掌握基础法则，学会用编程语言描述机器人运动。

② 在编程学习中，感受信息技术的发展，树立信息意识，维护网络安全。

学习导图

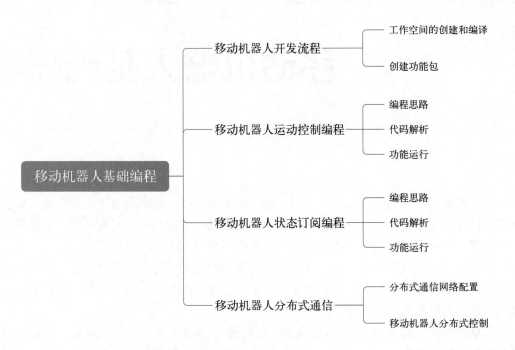

知识讲解

5.1 移动机器人开发流程

在 ROS 环境中，无论是构建移动机器人还是其他类型的机器人应用，开发流程均保持一定的相似性。接下来，我们深入探究这一流程的核心环节，如图 5-1 所示。

首先，需要创建一个工作空间，这是 ROS 开发中的起点。这个工作空间是后续开发活动中所有相关文件的集结地，相当于计算机中的一个专门文件夹。未来所有与此开发项目相关的文件都会被妥善保存在这个文件夹中。

紧接着，创建功能包。在 ROS 中，功能包是一个关键概念，它允许用户将实现特定功能的代码文件集合在一起。每个功能包都是机器人应用代码库中的一个独立单元，多个功能包的组合构成了完整的机器人应用程序。

随后，将开始编写源代码，这里主要使用 C++ 和 Python 两种编程语言。无论选择哪种语言，编写的代码都需要被放置在之前创建的功能包中，确保功能包的作用。

接下来，对于使用 C++ 编写的代码，需要设置编译规则。这通常在功能包 CMakeLists.txt 文件中完成，该文件指导了代码的编译过程。而对于 Python 代码，由于它是解释型语言，通常不需要编译，因此可以跳过这一步。

最后，进行编译与运行。在这一步中，源代码被转化为可执行文件，一旦编译成功，就可以尝试运行。假使运行报错，则需要及时修改源代码，修改后继续运行，直至运行正常，实现目标功能。

了解了ROS环境下机器人开发的基本流程，接下来，我们按照这些步骤进行操作，逐步构建机器人应用程序。

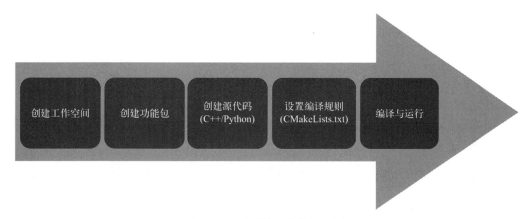

图5-1　ROS机器人开发的主要流程

5.1.1　工作空间的创建和编译

工作空间（workspace）是一个存放工程开发相关文件的文件夹。Fuetre版本后的ROS默认使用Catkin编译系统。Catkin系统的工作空间通常包含四个主要目录，每个目录都有其特定的用途和功能，具体介绍如下。

src（源代码空间）：该目录用于存放ROS软件包的源代码文件。这是开发过程中使用最频繁的文件夹，所有需要编译的源代码都应该放置在这个目录下。

build（编译空间）：此目录用于存放工作空间编译过程中产生的缓存信息和中间文件。当执行编译命令时，编译器会在这个目录下生成必要的构建文件和临时文件。

devel（开发空间）：这个目录用于存放编译生成的可执行文件和库文件。这些文件是可以直接运行或链接到其他程序中的对象文件。

install（安装空间）：在编译成功后，可以使用make install命令将可执行文件和库文件安装到该空间中。运行该空间中的环境变量脚本，即可在终端中运行这些可执行文件。安装空间并不是必需的，很多工作空间中可能并没有该文件夹。

首先，需要创建工作空间。打开终端，输入以下命令，即可创建名为xrobot2_ws（默认名称catkin_ws，这里进行自定义）的工作空间文件夹。在这个工作空间中，src文件夹是核心代码存放地，称之为代码空间，如图5-2所示。

```
mkdir - p ~/xrobot2_ws/src
```

这一步完成了开发流程中的第一步——创建工作空间，但此时其中尚未包含任何功能包代码。今后，将把功能包代码放置在src文件夹内。为了能够编译这些代码，需要进入

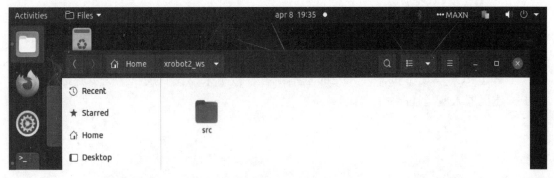

图5-2　创建工作空间

工作空间的根目录，并在那里打开终端，输入如下编译命令。

```
catkin_make
```

编译完成后，会自动生成两个新文件夹：build 和 devel。build 是编译空间，用于存放编译过程中的中间文件。devel 则是开发空间，包含了编译完成后的结果、程序的头文件、库等。而 src 作为代码空间，则用于存放编写的源代码，如图 5-3 所示。

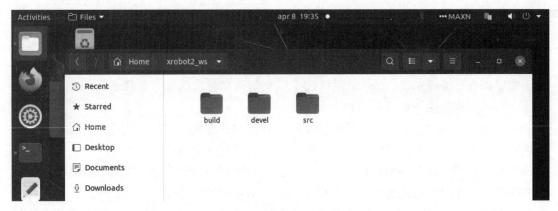

图5-3　编译工作空间

功能包编译完毕后，为确保 Ubuntu 系统能够识别这些功能包和工作空间，需要设置环境变量。在终端中输入如下命令即可实现这一点。

```
source ~/xrobot2_ws/devel/setup.bash
```

需要注意的是，source 命令只在当前终端会话中生效。为了确保每次打开终端时都能自动设置环境变量，需要将其添加到 bashrc 配置文件中。通过输入以下命令打开 bashrc 文件，在文件末尾添加相应的 source 指令，然后保存并退出编辑器，如图 5-4 所示。这样，每次打开新的终端时，系统都会自动加载这些环境变量设置。

```
gedit ~ /.bashrc
```

```
119 # >>> fishros initialize >>>
120 source /opt/ros/noetic/setup.bash
121 source /home/xrobot/xrobot2_ws/devel/setup.bash
122 # <<< fishros initialize <<<
```

图5-4　bashrc添加环境变量

5.1.2　创建功能包

在机器人开发的流程中，创建功能包是关键的第二步。这一步骤中，将使用ROS提供的命令catkin_create_pkg来创建功能包，命令示例如下。

catkin_create_pkg <package_name> [dependl] [depend2] [depend3]

使用catkin_create_pkg命令时，其后的第一个参数指定了功能包的名字，而随后的参数则列举了该功能包所依赖的其他功能包。这些依赖通常包括ROS提供的代码库、消息定义库或其他必要的功能包。以roscpp和rospy为例：roscpp是专为C++语言设计的ROS接口库，它为开发者提供了与ROS系统交互的便捷方式；而rospy则是为Python语言量身打造的ROS接口，它允许Python开发者也能轻松地参与到ROS的开发与应用中。另外，std_msgs和std_srvs则是ROS官方定义的一系列标准话题和服务消息。这些消息类型涵盖了整型数、浮点数、字符串等基础数据类型，为开发者在ROS系统中进行数据通信提供了统一的规范。

现在，尝试创建一个功能包。首先，进入工作空间的src目录，并在该目录下打开终端。然后，输入以下命令来创建功能包，如图5-5所示。

catkin_create_pkg xrobot_demo rospy roscpp std_msgs std_srvs

```
xrobot@xrobot:~/xrobot2_ws$ catkin_create_pkg xrobot_demo rospy roscpp std_msgs std_srvs
Created file xrobot_demo/package.xml
Created file xrobot_demo/CMakeLists.txt
Created folder xrobot_demo/include/xrobot_demo
Created folder xrobot_demo/src
Successfully created files in /home/xrobot/xrobot2_ws/xrobot_demo. Please adjust the values in package.x
ml.
```

图5-5　创建功能包

在已经创建完毕的功能包中，CMakeLists.txt文件用于设置编译规则，而package.xml文件则用于编写功能包的描述性内容。完成功能包的创建后，返回到工作空间的根目录，并输入以下命令来编译功能包，如图5-6所示。

catkin_make

```
xrobot@xrobot:~/xrobot2_ws$ catkin_make
Base path: /home/xrobot/xrobot2_ws
Source space: /home/xrobot/xrobot2_ws/src
Build space: /home/xrobot/xrobot2_ws/build
Devel space: /home/xrobot/xrobot2_ws/devel
Install space: /home/xrobot/xrobot2_ws/install
```

图5-6　编译功能包

对于ROS的工作空间来说，功能包之间不能重名，也不能嵌套。这意味着不能将一个功能包放在另一个功能包内部，否则会导致编译错误。然而，文件夹嵌套是被允许的，例如可以将多个同类别的功能包放置在一个文件夹中。

那么，如何区分一个文件夹是普通文件夹还是功能包呢？判断的依据是文件夹内是否包含CMakeLists.txt和package.xml这两个文件。如果存在这两个文件，则该文件夹被视为功能包，如果没有，则被视为普通文件夹。这一点对于理解和组织ROS工作空间中的文件和文件夹至关重要。

5.2　移动机器人运动控制编程

在准备工作空间和功能包后，接下来的目标是通过编程一个键盘控制程序实现移动机器人的运动。

5.2.1　编程思路

ROS教育机器人运行之后，会有一个xrobot_core节点，这个节点会订阅cmd_vel话题，如果编写一个键盘控制程序通过按不同的按键发送内容不同的cmd_vel话题，是不是就可以实现和键盘控制小乌龟运动一样的效果呢？首先需要明确功能框架，如图5-7所示。接下来，将逐步梳理实现这一功能的步骤。

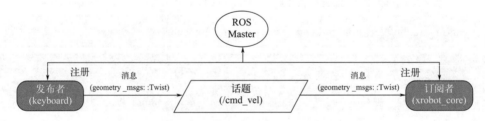

图5-7　移动机器人运动控制编程功能框架

5.2.2　代码解析

为了实现上述功能，需要编写一个Python脚本，位于xrobot2_ws/src/xrobot_teleop/keyboard.py。以下是该脚本的关键实现部分的解析。

图5-8所示函数为获取键盘按下的键值。

```python
def getKey():
    tty.setraw(sys.stdin.fileno())
    select.select([sys.stdin], [], [], 0)
    key = sys.stdin.read(1)
    termios.tcsetattr(sys.stdin, termios.TCSADRAIN, settings)
    return key
```

图5-8　获取键盘按下的键值

图 5-9 是本车设定的初始速度，x 方向的线速度是 0.3m/s，z 方向的角速度是 0.5rad/s。

```
speed = rospy.get_param("~speed", 0.3)
turn = rospy.get_param("~turn", 0.5)
```

图5-9　本车设定的初始速度

图 5-10 所示程序通过获取键值，转换为角速度和线速度值，并通过发布者 pub 发布出去。

```
if key in moveBindings.keys():
    x = moveBindings[key][0]
    y = moveBindings[key][1]
    z = moveBindings[key][2]
    th = moveBindings[key][3]
    twist = Twist()
    twist.linear.x = x*speed
    twist.linear.y = y*speed
    twist.linear.z = z*speed
    twist.angular.x = 0
    twist.angular.y = 0
    twist.angular.z = th*turn
    pub.publish(twist)
```

图5-10　转换速度并发布

图 5-11 的程序为通过按下键值，修改设定的线速度和角速度。

如图 5-12 所示，当没有键值按下的时候，机器人停止。

```
elif key in speedBindings.keys():
    speed = round(speed * speedBindings[key][0], 2)
    turn = round(turn * speedBindings[key][1], 2)

    print(vels(speed, turn))
    if (status == 14):
        print(msg)
    status = (status + 1) % 15
```

图5-11　修改设定的速度

```
else:
    x = 0
    y = 0
    z = 0
    th = 0
    if (key == '\x03'):
        break
```

图5-12　机器人停止

5.2.3　功能运行

首先启动 ROS 教育机器人，接下来启动一个终端，通过 rosrun 命令运行刚刚编写完成的节点：

```
roslaunch xrobot_driver xrobot_bringup.launch

rosrun xrobot_teleop keyboard.py
```

接下来，按下键盘上的按键可以操控机器人运动，如图 5-13 所示。其中按键的说明如表 5-1 所示。

图5-13　操纵机器人运动

表5-1　移动机器人键位表

按键	说明
←	原地左转
↑	前进
→	原地右转
↓	后退
U	大写：左上方平移；小写：左上转
I	前进
O	大写：右上方平移；小写：右上转
J	大写：左平移；小写：左转（原地）
K	停止
L	大写：右平移；小写：右转（原地）
M	大写：左下方平移；小写：左下转
,	后退
.	右下转
<	后退
>	右下转平移

5.3　移动机器人状态订阅编程

xrobot_core节点不仅订阅cmd_vel话题来控制机器人的速度，同时它还检测机器人的实际运行速度，并通过积分计算出位置信息。这些位姿信息通过odom话题发布。现在，任务是编写一个订阅者节点odom_scan来订阅这个odom话题，从而接收并显示机器人的位姿信息。

5.3.1　编程思路

根据ROS的话题模型（发布/订阅），如图5-14所示，操作目标是创建一个名为odom_scan的订阅者节点。这个节点将订阅odom话题，该话题发布的消息类型是nav_msgs功能包中定义的Odometry消息。

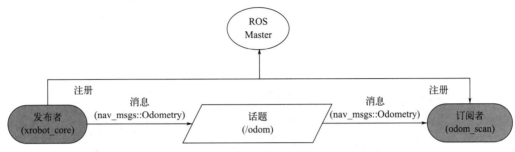

图5-14　移动机器人状态订阅编程话题模型（发布/订阅）

5.3.2　代码解析

梳理逻辑，使用Python编写了一个节点（图5-15），其源码位于xrobot2_ws/src/data/odom_scan.py。下面是该代码的主要逻辑。

```python
1 #!/usr/bin/env python3
2
3 import rospy
4 from nav_msgs.msg import Odometry
5
6 def callback(msg):
7     rospy.loginfo("pose: x:%0.6f,y:%0.6f,z:-
%0.6f",msg.pose.pose.position.x,msg.pose.pose.position.y,msg.pose.pose.orientation.z)
8
9 rospy.init_node('odom_scan',anonymous=False)
10 rospy.Subscriber("/odom",Odometry,callback,queue_size=1)
11 rospy.spin()
```

图5-15　编写的节点代码

初始化ROS节点，并创建一个订阅者来订阅odom话题。订阅的消息类型是Odometry。

使用spin函数，该函数内部包含一个while循环，用于持续检查数据队列中是否有新的消息到达。

当收到新消息时，会调用一个回调函数，该函数将打印出接收到的机器人的位姿信息。

5.3.3　功能运行

为了验证节点的功能，尝试运行代码检查正误，按照以下代码和步骤进行。

```
roslaunch xrobot_driver xrobot_bringup.launch

rosrun data odom_scan.py

roslaunch xrobot_teleop keyboard.launch
```

首先启动移动机器人。接着，通过rosrun命令运行刚刚编写的odom_scan节点。运行后，用户可以在终端看到机器人的位姿信息在不断刷新，如图5-16所示。最后，启动键盘控制节点，使机器人移动。此时，能够观察到机器人的位姿信息随着机器人的移动而实时变化，这表明订阅机器人位姿的节点功能已经成功实现。

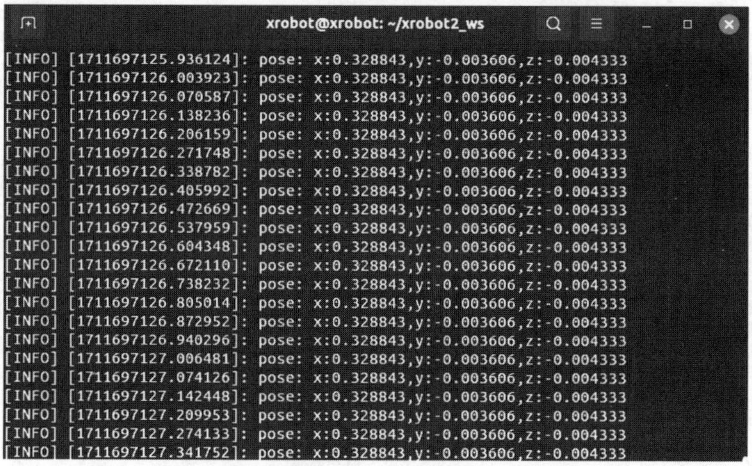

图5-16 移动机器人的位姿信息在不断刷新

5.4 移动机器人分布式通信

移动机器人的分布式通信是指多个移动机器人之间通过无线通信或传感技术实现信息的交互和共享，以实现协同运动、任务分配、环境感知等功能。这种分布式通信方式使得多个机器人能够相互协作，共同完成任务，提高整体效率和鲁棒性。

5.4.1 分布式通信网络配置

前文中，所编写的代码都是直接在机器人控制器上运行的，通常需要远程登录到控制器来操作。但是，由于ROS是一个分布式框架，可以实现更为灵活的代码编写和运行方式。具体来说，用户可以在自己的电脑上编写并运行代码，通过网络远程地与机器人进行数据交互。

要实现这一目标，并不需要修改任何代码，只需对机器人控制器和笔记本电脑的ROS环境进行适当配置。接下来，介绍分布式通信的配置方法。

首先，由于ROS的分布式通信是基于网络的，因此确保笔记本电脑和机器人控制器处于同一网络环境下至关重要。这意味着它们需要连接到同一个路由器，并确保网段相

同。用户可以使用ifconfig命令在两台设备上查看各自的IP地址。如果前三个数字段相同
（例如都是192.168.50），如图5-17所示，则说明它们处于同一网段中。为了验证网络连
通性，可以在两个终端中分别使用ping命令加上对方的IP地址进行测试。如果通信正常，
那么分布式通信的基础网络条件就已经满足了。

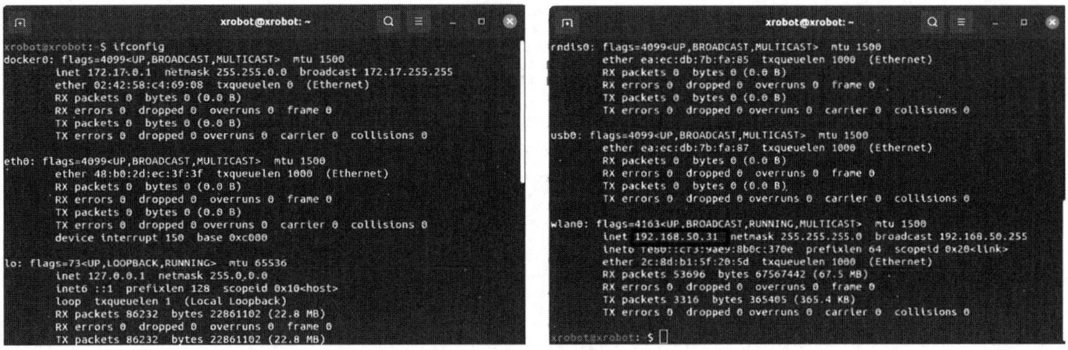

图5-17　查看分布式网络主机的IP地址

随后，需要配置ROS环境。在一个ROS系统中，只能有一个ROS Master。因此，需
要在机器人控制器或笔记本电脑中选择一个作为主机运行roscore。这里，选择机器人控制
器作为主机，并需要在其bashrc文件中进行相应配置，如图5-18所示。

配置内容包括：

① ROS_HOSTNAME。表示当前系统的主机名，可以直接使用IP地址作为名称。

② ROS_IP。表示当前系统的IP地址，按照实际查询的结果填写。

③ ROS_MASTER_URI。表示ROS Master的资源地址，格式为IP地址加端口号。这
里使用机器人的IP地址和ROS系统默认的11311端口。

```
export ROS_HOSTNAME=192.168.50.31
export ROS MASTER URI=http://192.168.50.31:11311
```

图5-18　将机器人配置为主机

完成主机数据配置后，记得保存退出。主机配置完成后，需要配置作为从机的笔记本
电脑。同样，在bashrc文件中添加上述三行代码，并根据实际情况填写ROS_HOSTNAME
和ROS_IP。对于ROS_MASTER_URI，需要填写实际运行ROS Master的机器人控制器的IP
地址（本例实际地址为31），如图5-19所示。修改好从机数据配置后依旧保存退出即可。

```
126 export ROS_HOSTNAME=192.168.50.39
127 export ROS_MASTER_URI=http://192.168.50.31:11311
```

图5-19　配置笔记本从机

5.4.2　移动机器人分布式控制

完成这些配置后，通过键盘控制来测试分布式通信是否正常工作了。首先启动移动机

083

器人的底盘，然后在笔记本电脑上运行键盘控制节点，所需代码如下所示。现在，就可以通过键盘控制机器人运动了。

> (机器人端) roslaunch xrobot_driver xrobot_bringup.launch
>
> (笔记本端)roslaunch xrobot_teleop keyboard.launch

在这个过程中，机器人底盘和传感器节点在机器人控制器上运行，而键盘控制节点则在笔记本电脑上运行。两者之间的通信通过网络进行数据传输。这表明ROS可以很方便地支持分布式通信，而无需修改应用代码。

5.5 本章小结

本章深入讲解了在ROS环境下移动机器人的开发流程。这个过程主要包括五个步骤：创建工作空间、创建功能包、编写源代码、设置编译规则以及最后的编译运行。并以机器人运动控制为例，详细演示了如何编写一个发布者节点来控制机器人的运动，并编写了一个订阅者节点来周期性地获取机器人的当前位姿。深入理解发布者和订阅者的代码编写流程后，我们尝试将代码运行在不同的计算平台上，并通过ROS的分布式通信配置，实现了笔记本电脑与机器人之间的通信。这种配置方式在未来的复杂应用中将非常有用，因为它允许我们充分利用多平台的计算能力，从而更好地完成机器人的控制任务。

 知识测评

一、选择题

1.编译代码需要进入（　　），并在其中打开终端。

A. 编译器　　　B. 根目录　　　　　C. 功能包　　　　　D. 代码空间

2. ROS工作空间（workspace）的主要作用是什么？

A. 存放个人资料　　　　　　　B. 编译和构建ROS软件包

C. 运行机器人模拟器　　　　　D. 存储临时文件

3. ROS中的功能包（package）包含（　　）元素。

A. 节点　　　　B. 消息定义　　　C. 服务定义　　　　D. 所有以上

4. ROS的分布式通信框架的目的是（　　）。

A. 加速图像处理　　　　　　　B. 帮助程序进程之间更方便地传递信息

C. 提高CPU使用效率　　　　　D. 增加内存容量

5. ROS中用于实现节点间通信的主要机制是（　　）。

A. 服务　　　　B. 话题　　　　　C. 动作　　　　　　D. 参数服务器

二、判断题

1. ROS工作空间是用于存放工程开发相关文件的文件夹。　　　　　　　　（　　）

2. 在ROS中，包是最小的软件组织单位。 （　　）

3. ROS的分布式通信框架允许不同节点之间的消息传递。 （　　）

4. ROS功能包中必须包含CMakeLists.txt文件，用于编译代码。 （　　）

5. ROS的分布式通信机制使得机器人软件可以方便地实现模块化和分布式部署。

（　　）

三、填空题

1. 移动机器人开发流程包括_____个步骤，分别是_____。

2. ROS工作空间的目录结构中，用于存放源代码的目录是_____。

3. 一般使用_____命令在两台设备上查看各自的IP地址。

4. 在ROS中，_____是软件的组织单位，包含了节点、消息定义、服务定义等。

5. ROS的分布式通信框架，即_____系统，使得程序进程之间能够方便地传递信息。

第6章

移动机器人运动学

移动机器人，作为机器人领域中的一支重要力量，已深入日常生活和工业生产中，例如，家庭中的扫地机器人、工厂中的自动化运输机器人、医院中为患者提供服务的导诊机器人。那么，这些机器人是如何实现"移动"的呢？它们的运动方式是与马路上的小汽车类似，通过前轮转向来实现运动吗？实际上，移动机器人的运动方式多种多样，每一种方式都有其独特的适用场景。

为了更深入地了解这些运动方式背后的原理，需要学习移动机器人的运动学知识。这些知识将帮助理解机器人是如何通过不同的运动方式，如轮式驱动、履带式驱动、足式驱动等，来适应不同的移动场景，从而完成各种复杂的任务。在接下来的学习中，我们将一起探究移动机器人运动原理，为更好地理解和应用移动机器人打下坚实的基础。

 学习目标

（1）知识目标

① 掌握移动机器人运动学的定义、研究内容及其在机器人运动规划与控制中的作用。

② 掌握常见的移动机器人运动学模型原理，即阿克曼运动与全向运动模型原理。

（2）能力目标

① 能够根据移动机器人的实际结构建立合适的运动学模型，并进行运动学分析。

② 能够利用运动学模型预测机器人的运动轨迹和性能表现，为运动规划与控制提供依据。

（3）素养目标

① 在设计与操作移动机器人时，树立高度安全意识与责任意识。

② 培养创新思维与工程素养，积极尝试移动机器人运动学系统的设计与改进。

学习导图

```
                                    ┌──── 阿克曼运动控制
                                    │
        ┌──────────────────┐        │
        │  移动机器人运动学  │────────┼──── 全向运动控制
        └──────────────────┘        │
                                    │
                                    └──── 四轮差速运动控制
```

知识讲解

6.1 阿克曼运动控制

　　说到行驶于道路之上的交通工具，汽车无疑是其中最为常见的。如果读者对汽车底盘有所研究或是曾经接触过仿真车模，那么或许听说过一个颇具特色的名字——阿克曼。

　　1817年，一个德国车辆工程师率先提出了一种可以减少摩擦的运动结构。随后，在1818年，他的英国代理商Ackermann为这一结构申请了专利。这就是现今所称的阿克曼运动的理论原型，也被称为阿克曼转向几何，这一结构的核心目的在于让车辆在转弯时能够保持顺畅，如图6-1所示。

　　想象一下常见的小汽车，可以将其运动模型简化为图6-1所示的形式，以便更好地理解阿克曼运动的基本原理。汽车运动的两大核心部件分别是前部的转向机构和后部的差速器。转向机构由方向盘控制，使前轮进行转向，这一点相对容易理解。而根据前文对差速运动的分析，在转弯时，后侧两个轮子的速度是不同的。因此，差速器被用来分配后轮在转弯时的差速运动。

　　上半部分的转向机构可以简化为一个等腰梯形 *ABCD*，这是一个四连杆机构。连杆 *AB* 作为基座，保持固定不动，连杆 *CD* 则可以左右摆动，从而带动杆 *AC* 和 *BD* 进行转动。由于杆 *CA* 的轴点与轮胎是固定连接的，因此当杆 *CA* 转动时，左前轮也会随之转动。右前轮的工

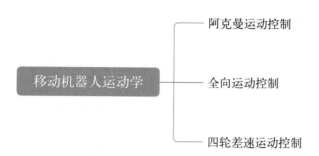
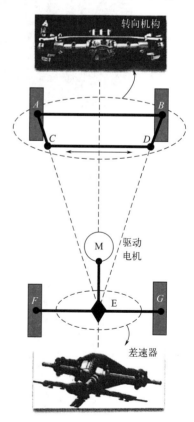

图6-1　阿克曼转向几何模型

作原理与此相同。

这两个前轮的转向是联动的,它们都是被动轮,仅具有一个自由度,并由方向盘进行驱动。这种转向方式正是阿克曼运动的核心,也被称为阿克曼转向机构。

下半部分的差速器则连接着驱动电机和左右两个后轮。差速器的作用是将电机的输出功率自动分配到左右两个轮子,并且能够根据前轮的转向角自动调节两个后轮的速度。因此,这两个后轮是主动轮,为车辆的运动提供动力。

如果一款机器人采用了类似的阿克曼运动结构,那么在转弯时,两个前轮可以维持一定的转向角关系,这种关系在图6-1中表现为 AC 和 BD 的延长线交于点 E。在转弯过程中,E 点始终位于后轮轴线的延长线上。差速器会根据转向角度动态地分配两个后轮的转速,以尽量减小每个轮子的横向分速度,从而避免轮胎的过度磨损。

如图6-2所示,阿克曼运动的原理图展示了前轮和后轮的状态,它们之间的协调转弯方式让人联想到并驾齐驱的自行车。实际上,可以将阿克曼模型等效简化为自行车模型,因为这两种模型在运动机理上存在着相似性。回想一下平时骑自行车的场景,车把用于控制前轮的转向,而动力则通过一系列的齿轮传递到后轮上,驱动自行车前进。这些齿轮在功能上与差速器相似。

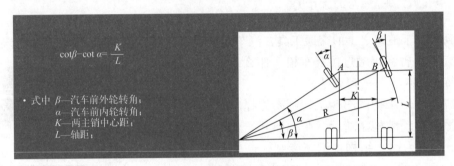

图6-2 阿克曼运动原理图

总结起来,在实际应用场景中,阿克曼结构的运动稳定性表现较好,同时也具备一定的越障能力,因此更适用于室外场景。然而,值得注意的是,在进行侧方停车和倒车入库等操作时,由于阿克曼运动方式存在一定的转弯半径,操作起来可能会感觉不够灵活。移动机器人的阿克曼模式如图6-3所示。

接下来,将通过实物来体验一下阿克曼运动。首先,运行以下指令,启动机器人的底盘

图6-3 移动机器人阿克曼模式

和键盘控制节点。之后，就可以通过键盘来控制机器人的运动了。当尝试左右转弯时，会明显看到两个前轮在转弯时会有左右偏转的动作，而后轮的动力则驱动机器人整体进行运动。

```
roslaunch xrobot_driver xrobot_bringup.launch

roslaunch xrobot_teleop keyboard.launch
```

6.2　全向运动控制

全向运动，即让机器人在平面上实现无约束的自由移动。实现全向运动的方式有很多，我们重点介绍一种独特且高效的方法——基于麦克纳姆轮（简称麦轮）的全向运动。

麦轮是一种特殊设计的轮子，其为众多运动模式提供了可能，包括前进、横向移动、斜向行进、旋转以及组合动作，均能实现。与传统的橡胶轮胎相比，麦轮的设计独特如图6-4所示。

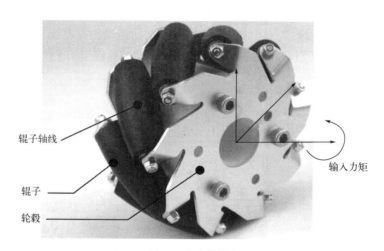

图6-4　麦克纳姆轮

麦轮的结构相当复杂，它由轮毂和辊子两部分组成。轮毂作为整个轮子的主要支撑框架，而辊子则是安装在轮毂上的鼓形部件，实际上是由多个小轮子构成。辊子在轮毂上的安装角度设计巧妙，如图6-5所示，轮毂轴线与辊子转轴的夹角为45°。虽然理论上这个夹角可以是任意值，但它会影响未来的控制参数，因此市场上主流的麦轮普遍采用45°角。为了满足这种几何关系，轮毂边缘采用了折弯工艺，为辊子的转轴提供了安装孔。然而，值得注意的是，每个辊子并没有配备电机驱动，因此不能主动转动，它们可以被视为被动轮。电机安装在轮毂的旋转轴上，负责驱动轮毂转动，因此轮毂可以被视为主动轮。

当麦轮开始转动时，轮毂作为主动轮旋转，但

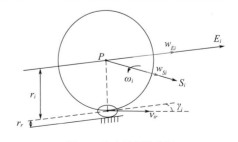

图6-5　麦克纳姆轮分析

并不直接与地面接触产生运动。相反，它带动辊子与地面发生摩擦，从而产生驱动力。

在运动状态下，地面作用于辊子的摩擦力可以分解为滚动摩擦力和静摩擦力：滚动摩擦力促使辊子自转，对机器人整体不产生驱动力，属于无效运动；而静摩擦力则促使辊子相对地面运动，进而带动整个麦轮沿着辊子轴线移动。通过改变辊子轴线和轮毂轴线的夹角，可以调整麦轮实际受力的运动方向。

为充分利用麦轮的运动特性，可以将机器人的四个轮子都替换为麦轮。通过在不同角度下分配速度，四个轮子的速度合成可以产生不同角度的运动。将麦轮按照一定规律排列配置，就可以构建一个麦轮全向移动平台。这种平台的构型通常具有对称性，以确保在纵向轴和横向轴上的分力得到平衡。

麦轮的运动特性决定了其平台构型的有序性：两前轮与两后轮在横向中轴线上下相对称，而两左侧轮与两右侧轮则在纵向中轴线上左右相对称。这种对称结构设计旨在平衡纵向轴和横向轴上的分力，确保麦轮平台的稳定运动。

若想更深入地理解全向运动原理，可以将麦轮平台简化为一个模型，如图6-6所示。在这个模型中，静摩擦力是驱动每个麦轮运动的关键力。将静摩擦力沿着轮毂坐标系的坐标轴分解，可以得到一个纵向分力和一个横向分力。通过调整不同麦轮的转速和方向，可以实现机器人的各种运动模式，例如：要让机器人向前运动，需要让左右两侧的轮子产生的横向分力相互抵消；而要让机器人横向移动，则需要使前后两组轮子的纵向分力相互抵消。

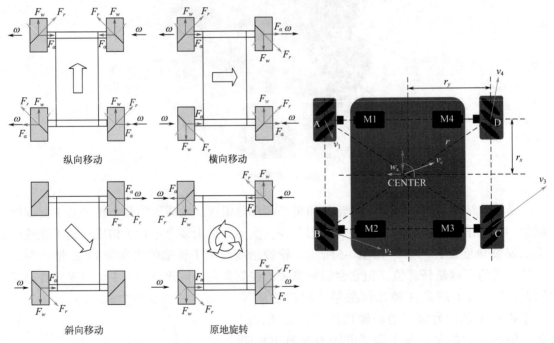

图6-6 麦轮平台模型

尽管麦轮全向运动方式具有极高的灵活性，但也存在一些短处。首先，要实现精准控制并不容易，因为需要确保不同麦轮的转速大小相同以满足分力相互抵消的条件。此外，由于力的相互抵消，这种运动方式也存在能量损耗的问题，因此效率可能不如普通轮胎。

同时，辊子的磨损也会比普通轮胎更严重，所以更适合在平滑的路面上使用。最后，由于辊子之间是非连续的，运动过程中可能会产生震动和噪声，这需要额外的悬挂机构来消除。

移动机器人同样支持基于麦克纳姆轮的全向运动。通过为其换上麦克纳姆轮并运行以下的控制指令，可以轻松实现机器人的前后左右运动以及原地旋转。此外，通过开启键盘的大写输入模式，还可以控制机器人进行横向移动，如图6-7所示。在麦克纳姆轮的助力下，移动机器人展现出了极高的灵活性和运动能力。

```
roslaunch xrobot_driver xrobot_bringup.launch

roslaunch xrobot_teleop keyboard.launch
```

图6-7　移动机器人全向运动

6.3　四轮差速运动控制

差速，顾名思义，就是指通过调整两侧运动机构的速度差异来驱动机器人的直线行进或转向动作。

一个生动的例子就是平衡车，如图6-8所示。想象一下，当平衡车的两个轮子以相同的速度向前转动时，它会向前移动。如果两个轮子以相同的速度向后转动，则平衡车会向后移动。而当左侧轮子的速度快于右侧时，平衡车会向右转弯，反之，则会向左转弯。这就是差速运动的基本原理。

图6-8　差速运动平衡车

与平衡车类似，汽车转弯则用到四轮差速原理，即转弯时前轮和后轮的转速不同。这是因为在转弯时，外侧车轮的行驶半径大于内侧车轮的行驶半径。因此，为了保持车辆稳定行驶，需要通过差速器来调整内外车轮的转速差。具体来说，当汽车左转时，右侧车轮（内侧）会比左侧车轮（外侧）转得更慢一些，而当汽车右转时，左侧车轮（内侧）会比右侧车轮（外侧）转得更慢一些。这样可以使车辆在转弯时更加稳定，并且能够更好地适应不同的路况和驾驶需求。

如图 6-9 所示的是一个四轮差速运动的机器人，其中四个车轮由四个独立的电机驱动。

当用户为机器人设定一个参考坐标系时，红色箭头代表 X 轴正方向，蓝色箭头代表 Y 轴正方向，而 Z 轴则沿着原点垂直向外延伸。坐标原点设定在机器人的质心，此坐标系满足安培右手定则。当这四个车轮的速度大小和方向完全一致时，机器人便能够实现平稳的前进或后退。然而，当车轮的速度出现差异时，机器人就会展现出转向运动的特性。

转向时，机器人会围绕一个称为转向中心点（ICR）的点进行旋转。以左前轮为例，轮子与地面接触点 A 的相对运动速度方向如图 6-10 所示。合速度方向与 A-ICR 相互垂直，但轮胎只能沿着纵向分速度方向转动。通过速度分解，可以发现还存在一个沿轮子轴向的横向分速度。同样地，对四个轮子进行速度分解后，会发现它们的横向分速度各不相同，因此机器人会产生旋转分运动，而纵向分速度则产生纵向分运动。这两种运动的合成，就是机器人围绕 ICR 点的圆周运动。

值得注意的是，轮子的前后转动产生的纵向分速度是由轮胎与地面的滚动摩擦产生的，而横向分速度则是由轮胎与地面的滑动摩擦产生的。转向主要依赖于横向速度，这也意味着转向是通过滑动摩擦实现的。在转弯过程中，机器人的轮胎与地面之间的摩擦较大，这也是差速运动对轮胎磨损较为严重的原因。

DGT-01M 四轮差速模块底盘如图 6-11 所示。

这就是四轮差速运动最基本的原理。尽管四轮差速运动具有强大的越障能力，但在面对更复杂的障碍时，它也可能无能为力。在实际操作中，由于路面摩擦力的问题，四轮差速结构的机器人可能会出现位置漂移、控制精度差等情况。这在一定程度上限制了

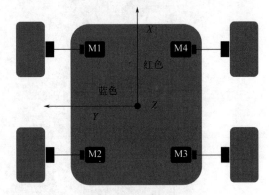
图6-9　四轮机器人模型

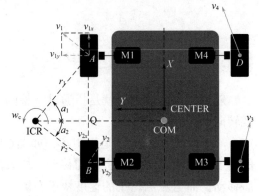
图6-10　四轮驱动运动分析

图6-11　DGT-01M四轮差速模块底盘

其在需要精确定位的应用领域的探索和开发。

四轮差速运动方式下，每个轮子都是独立驱动的，这使得机器人在负载和越障性能方面表现突出。然而，由于转向时轮子与地面的摩擦较大，并且需要同时控制四个轮子以实现精确控制，这并不容易实现。总体来说，在实际应用场景中，四轮驱动机器人更多地被应用于野外的非结构化环境。四轮差速运动为机器人提供了一种灵活且有效的运动方式，但也需要针对特定的应用场景进行优化和调整。

6.4　本章小结

本章深入探讨了机器人的阿克曼运动和麦克纳姆轮全向运动等，帮助大家深入理解两种运动模态的基本原理，并掌握与之相关的数学推导。对于想要进一步学习的同学，可以参考相关资料进行深入研究，希望本章内容能为大家在机器人运动控制方面学习打下坚实的基础。

 知识测评

一、选择题

1. 当机器人采用麦轮时，可以实现（　　　）。

A. 前进　　　　B. 横向移动　　　　C. 斜向行进　　　　D. 旋转

2. ROS 机器人中，阿克曼运动主要用于实现哪种类型的转向？

A. 原地转向　　B. 曲线转向　　　　C. 直线行驶　　　　D. 急停转向

3. 全向运动与阿克曼运动的主要区别在于（　　　）。

A. 全向运动可以实现原地转向　　　　B. 阿克曼运动速度更快

C. 两者在机器人控制中无显著差异　D. 全向运动只能直线行驶

4. 在 ROS 中控制一个使用阿克曼模型的机器人时，通常需要指定（　　　）参数。

A. 速度和加速度　　　　　　　　　B. 转向角度和角速度

C. 线速度和角速度　　　　　　　　D. 位置和姿态

5. 全向运动机器人与阿克曼运动机器人相比有（　　　）不同。

A. 可以在任何方向上自由移动　　　B. 只能前进和后退

C. 只能沿固定轴旋转　　　　　　　D. 无法进行平滑转弯

二、判断题

1. ROS 机器人使用阿克曼运动可以提高自动驾驶的灵活性。　　　　　（　　　）

2. 全向运动只能在特定的机器人类型上实现。　　　　　　　　　　　（　　　）

3. 全向运动机器人设计允许在任何平面方向上移动而无需改变自身朝向。（　　　）

4. 阿克曼运动是指机器人能够独立控制其每个轮子的方向。　　　　　（　　　）

5. ROS 系统只支持机器人的阿克曼运动和全向运动。　　　　　　　　（　　　）

三、填空题

1. 移动机器人采用阿克曼方式运动时，驱动机器人运动的是_____。

2. 麦轮通过_____促使其运动。

3. _____安装在轮毂的旋转轴上，负责驱动轮毂转动，因此轮毂可以被视为主动轮。

4. _____是驱动麦轮运动的关键力。

5. ROS机器人通过采用_____运动，可以在较小的空间内实现灵活转向。

第7章

机械臂模型解析

　　工业机器人的机械臂模型是工业机器人设计的核心部分，它决定了机器人的运动范围和灵活性。工业机器人的机械臂通常由多个连杆（或称为臂段）组成，这些连杆通过关节连接在一起。每个关节都有一个或多个驱动器（如电机），用于控制关节的运动。根据关节的类型和数量，机械臂可以具有不同的自由度（DOF），这决定了机械臂可以执行的任务的复杂性和灵活性。常见的关节类型有旋转关节（允许连杆围绕一个轴旋转）、平移关节（允许连杆沿一个轴直线移动）、球形关节（允许连杆在多个方向上移动）。

　　机械臂模型是参考人体力学设置而成的。在设计人机交互相关进程中，首先需要进行结构类比、数据采集、模型搭建、仿真实验等步骤，其次要符合设备标准和安全准则，最后还需要考虑操作界面、形状设定、美观程度等因素。这些都需要对人体力学有精准把握并将其应用到机械设计中。类似的案例还有很多，如雷达的设计与蝙蝠、潜艇与鱼类等。这启示我们要增强跨学科、知识的融合与应用，推动科技创新。本章我们来深入了解机械臂的组成，并学习动力学模型相关知识，以便更好理解机械臂的工作原理和应用场景。

 学习目标

　　（1）知识目标

　　① 掌握机械臂的组成部件，如连杆、关节、驱动器、传感器等，以及它们之间的相互作用。

　　② 掌握机械臂的运动学模型，能够根据具体机械臂结构建立相应的动力学模型。

　　（2）能力目标

　　① 能够根据实际需求对机械臂模型进行优化，提高模型的精度和性能。

　　② 能够根据实验数据对模型进行调整，使其更贴近实际机械臂的行为。

　　（3）素养目标

　　① 增强抽象能力，积极尝试用数形结合的模型思想去解决实际问题。

　　② 认同模型建立的准则，明晰模型构建的原理知识，养成自主学习习惯。

学习导图

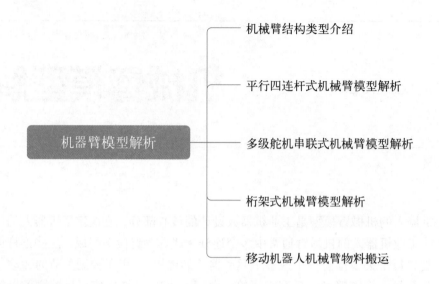

 知识讲解

7.1　机械臂结构类型介绍

随着人机交互（human robot interaction，HRI）技术的不断进步，机械臂的应用已经远远超出了传统工厂的范畴，它们正与多个领域（如媒体艺术、虚拟现实等）融合，为人们提供了前所未有的体验。例如，数字伺服技术和3D打印的结合，正在降低机械臂的门槛，这对于制造商和教育界来说，是充满希望的发展趋势。

工厂场景中的机械臂是为了执行简单重复任务而设计的机器人附件，它的目的是承担危险与繁重的任务以减轻人力负担。机械臂按照运动形式大致可分为直角坐标型、圆柱坐标型、极坐标型以及多关节型四大类，如图7-1所示。

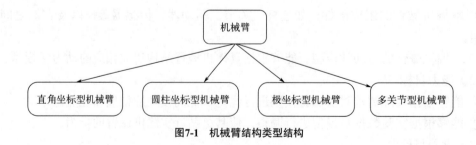

图7-1　机械臂结构类型结构

（1）直角坐标型机械臂

直角坐标型机械臂是工业机器人机械臂模型中的一种，其结构特点和工作原理使其在特定应用场景中具有显著优势。结构上，直角坐标型机械臂的手臂在直角坐标系的三个坐标轴（X、Y、Z）方向上进行直线移动，实现前后伸缩、上下升降和左右移动。这种设计使得机械臂在三维空间里能够精准地定位并抓取目标物体。直角坐标型机械臂的空间运动是通过三个相互垂直的直线运动来实现的，这种运动方式使得其运动位置精度高，但运动空间相对较小。为达到较大运动空间，机械臂的尺寸需要足够大。此外，直角坐标型机械臂有多种结构形式，如悬臂式、龙门式、天车式等，这些结构形式使得机械臂能够适应不同的工作环境和任务需求。应用上，直角坐标型机械臂适用于目标位置成行成列的排布，以及较小平面尺寸内的精准抓取。它不需要轴的转动操作，简单方便，运动稳定。在装配作业和搬运作业中，直角坐标型机械臂能够发挥出色的性能。

此外，直角坐标型机械臂还具备高效稳定的产量、适应复杂环境的能力以及提高企业产品的产量和质量等优势。使用直角坐标型机械臂的机器人称为直角坐标型机器人（cartesian robot），也称为笛卡儿坐标机器人，如图7-2所示。它具有空间上相互独立垂直的三个移动轴，可以实现机器人沿X、Y、Z三个方向调整机械臂的空间位置（机械臂升降和伸缩动作），但无法变换机械臂的空间姿态。作为一种成本低廉、结构简单的自动化解决方案，直角坐标型机器人可以根据程序设置进行精准且快速的操作，完成生产线中的各种复杂任务，如搬运、压制、喷涂等。同时，直角坐标型机械臂还可以适应高温、低温等恶劣环境，以及进行喷漆、氧化等操作，保护生产安全和人员安全。然而，其通用性相对较差是其主要缺点之一。

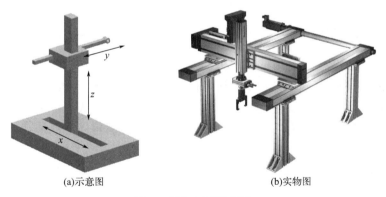

(a)示意图　　　　　　　　　　　(b)实物图

图7-2　直角坐标型机器人

（2）圆柱坐标型机械臂

圆柱坐标型机械臂，也称为柱坐标型机械臂，是一种基于圆柱坐标系设计的机械手臂。这种机械臂的结构设计使其能够在固定工作平面上进行多点作业，具有广泛的应用领域。柱坐标型机械臂通常由底座、转台、臂架、活动臂和末端执行器等部分组成。底座固定在地面上，转台可以实现水平旋转，臂架通过联轴器与转台相连，活动臂连接在臂架上，而末端执行器则负责抓取和放置工件。这种结构使得机械臂能够通过旋转、伸缩等运动实现对工件的精准定位和操作。

使用圆柱坐标型机械臂的机器人称为圆柱坐标型机器人（cylindrical robot）。与直角坐标型机器人相比，圆柱坐标型机器人如图7-3所示。同样具有空间上相互独立垂直的三个运动轴，但其中的一个移动轴（x轴）被更换成转动轴，也仅能实现机器人沿θ、r、z三个方向调整手臂的空间位置（手臂转动、升降和伸缩动作），无法实现空间姿态的变换。因此，它特别适用于装配、焊接、喷涂等需要在固定工作平面上进行多点作业的场合。通过替换不同的工具夹具，圆柱坐标型机械臂可以在装配线上完成各种组装任务，提高生产效率和质量。同时，它也可以搭载焊接或喷涂设备，实现高效、稳定的焊接或喷涂作业。然而，圆柱坐标型机械臂也存在一些局限性。由于其结构特点，它的工作半径和运动精度可能受到一定限制，无法灵活适应不同工作平面的需求。此外，在某些工作空间中可能存在盲区，即机械臂无法到达的区域。

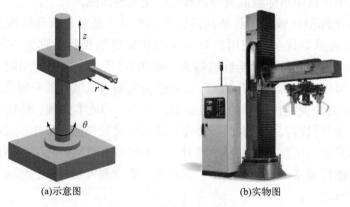

(a)示意图　　　　　　　　　(b)实物图

图7-3　圆柱坐标型机器人

（3）极坐标型机械臂

极坐标型机械臂是一种独特的工业机器人机械臂模型，其结构和工作原理使其在特定应用场景中具有显著优势。在结构上，极坐标型机械臂通常由一个滑动关节和两个旋转关节确定手爪的位置。这种结构使得机械臂的运动特性表现为在极坐标系下的运动，即手臂的前后伸缩、上下倾斜以及左右摆动。这种设计使得机械臂可以灵活地适应不同的工作环境和任务需求。

使用极坐标型机械臂的机器人称为球坐标型机器人，又称为极坐标型机器人（polar robot），如图7-4所示。它具有空间上相互独立垂直的两个转动轴和一个移动轴，不仅可

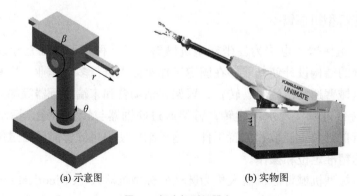

(a) 示意图　　　　　　　　　(b) 实物图

图7-4　极坐标型机器人

以实现机器人沿 θ、r 两个方向调整手臂的空间位置，而且能够沿 β 轴变换手臂的空间姿态（手臂转动、俯仰和伸缩动作）。极坐标型机械臂的运动惯性相对较小，这意味着在快速响应和精确控制方面具有较强的性能。极坐标型机械臂适用于需要大范围操作且对精度要求不是特别高的场景。例如，它可以用于物料搬运、装配、喷涂等任务。通过结合适当的末端执行器和控制系统，极坐标型机械臂可以完成这些任务，提高生产效率和质量。

（4）多关节型机械臂

多关节型机械臂是工业机器人中一种常见且重要的形态，其特点在于拥有多个关节，从而能够模拟人体手臂的运动方式，实现复杂、精细的操作。结构上，多关节机械臂通常由多个连杆和关节组成，每个关节都有一个或多个驱动器用于控制其运动。这些关节和连杆的排列与组合使得机械臂能够具有多个自由度，即能够在多个方向上灵活运动。常见的多关节机械臂具有六个自由度，这意味着它们可以在三维空间中实现几乎任何复杂的动作。

使用多关节型机械臂的机器人称为关节型机器人（articulated robot），上述三轴工业机器人仅模仿人手臂的转动、仰俯或（和）伸缩动作，而人类工作以臂部为主的仅占 20% 左右。也就是说，焊接、涂装、加工、装配等制造工序需要（腕部、手部）灵活性更高的机器人。关节机器人通常具有三个以上运动轴，包括串联机器人（垂直关节型机器人、平面关节型机器人）和并联机器人。

① 平面关节型机器人。又称 SCARA 机器人（selective compliance assembly robot arm），如图 7-5 所示。它在结构上具有轴线相互平行的两个转动关节和一个圆柱关节（特殊类型的圆柱坐标型机器人），可以实现平面内定位和定向。此类机器人结构轻便、响应快，水平方向具有柔顺性且垂直方向拥有良好的刚性，比较适合 3C 产品中小规格零件的快速拾取、压装和插装作业。

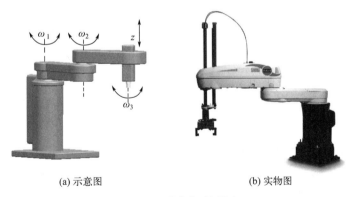

(a) 示意图　　　　　　　　(b) 实物图

图7-5　平面关节型机器人

② 垂直关节型机器人。垂直关节型机器人（图 7-6）模拟了人的手臂功能，一般由四个以上的转动轴串联而成，通过臂部（3~4 个转动轴）和腕部（1~3 个转动轴）的转动、摆动，可以自由地实现三维空间的任一姿态，完成各种复杂的运动轨迹。与前述几类工业

机器人相比，六轴垂直多关节机器人的结构紧凑、灵活性高，是通用型工业机器人的主流配置，比较适合焊接、涂装、加工、装配等柔性作业。

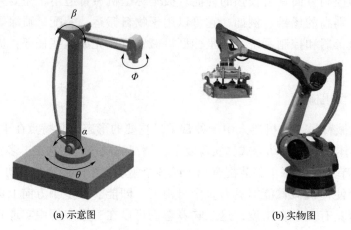

(a) 示意图　　　　　　　　　　　(b) 实物图

图7-6　垂直关节型机器人

③ 并联机器人。又称Delta机器人、"拳头"机器人或"蜘蛛手"机器人（图7-7），与串联机器人不同的是，并联机器人本体由数条（一般2~4条）相同的运动支链将终端动平台和固定平台（静平台）连接在一起，其任一支链的运动并不改变其他支链的坐标原点。由于具有低负载、高速度、高精度等优点，并联机器人比较适合流水生产线上轻小产品或包装件的高速拣选、整列、装箱、装配等作业。

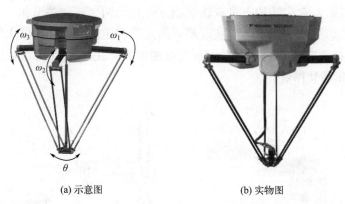

(a) 示意图　　　　　　　　　　　(b) 实物图

图7-7　并联式机器人

多关节机械臂的工作主要依赖于其控制系统和传感器。控制系统接收指令并规划机械臂的运动路径，而传感器则用于获取周围环境信息和机械臂自身的状态信息，从而确保运动的准确性和安全性。通过精确的控制系统和先进的传感器技术，多关节机械臂能够实现高度自动化的操作，显著提高生产效率和产品质量。在应用方面，多关节机械臂具有广泛的适用性，它们可以用于各种工业自动化任务，如装配、焊接、喷涂、物料搬运等。此外，多关节机械臂还可以应用于医疗、服务等领域，如手术辅助、康复训练和家庭服务等。

7.2 平行四连杆式机械臂模型解析

本例中的平行四连杆式机械臂有3个自由度，其能运动的关节主要包含：由舵机1带动的可转动的整个机械臂；由舵机2带动的可弯曲大臂；由舵机3带动的可弯曲小臂。二型连杆式机械臂有两个特点：第一由于平行四连杆机构的作用使夹爪总能保持在水平状态，夹爪上下抓取角度不可改变；第二是小臂与水平面的夹角并不会随着大臂与水平面夹角的变化而变化（图7-8中的β不会随着α的变化而变化），因此整个二型连杆式机械臂的简化模型如图7-8所示。

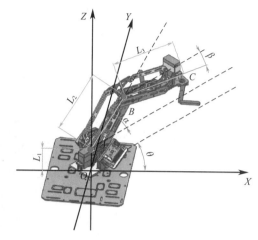

图7-8　二型连杆式机械臂简化模型

整个机械臂$OABC$以O点为圆心可绕Z轴做转动，OA的固定长度L_1为整个机械臂转动中心距离安装平面的高度（如果想进一步简化模型可将A点设置成坐标原点，这并不影响模型本身），AB为臂长固定为L_2的大臂，BC为臂长固定为L_3的小臂，C点为夹爪的位置。

若C点需要到达坐标（x_C，y_C，z_C），已知AB的臂长为固定值L_2，B_C的臂长为固定值L_3，整个机械臂的转动角度为θ（水平方向转动），大臂AB的转动角度为α（竖直方向转动），小臂BC的转动角度为β，因此可获得：

$$L_1 + L_2 \sin\alpha + L_3 \sin\beta = z_C \tag{7-1}$$

$$(L_2 \cos\alpha + L_3 \cos\beta)\cos\theta = x_C \tag{7-2}$$

$$(L_2 \cos\alpha + L_3 \cos\beta)\sin\theta = y_C \tag{7-3}$$

其中式（7-1）为大臂AB与小臂BC在Z轴上的投影，式（7-2）与式（7-3）为大臂AB与小臂BC在X轴与Y轴上的投影。由于式（7-1）、式（7-2）、式（7-3）为独立公式，因此这三个公式联立可求解α、β、θ值，但是需要注意的是该联立方程获得的不是唯一解，因此需要根据机械机构本身的限制与运动策略的选择来决定最终解。

7.3 多级舵机串联式机械臂模型解析

本例中的多级串联式机械臂有4个自由度，其能运动的关节主要包含：由舵机1带动的可转动的整个机械臂；由舵机2带动的可弯曲小臂1；由舵机3带动的可弯曲小臂2；由舵机4带动的可弯曲小臂3。由于有4个自由度，因此此种机械臂不但可以设定抓取的位置坐标，而且可以设置上下抓取的角度，整个多级串联式机械臂的简化模型如图7-9所示。

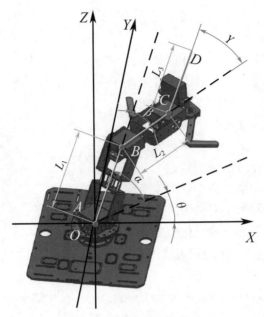

图7-9　多级串联式机械臂简化模型

整个机械臂 *OABCD* 以 *O* 点为圆心可绕 *Z* 轴做转动，为了简化模型，直接将坐标中心原点 *O* 与手臂运动中心点 *A* 重合。因此 *AB* 为可弯曲小臂 1，*BC* 为可弯曲小臂 2，*CD* 为可弯曲小臂 3，*D* 点为手抓位置。

此种模型下后臂与平面 *XOY* 的夹角会随着前臂的转动而变化，例如小臂 3 与平面 *XOY* 的夹角会随着小臂 2 的转动而变化，但是后臂与前臂的夹角不会变化，而这一夹角也是可控制舵机直接实现的。因此设置（*AB*）小臂 1 与平面 *XOY* 的夹角为 α，（*BC*）小臂 2 与（*AB* 延长线）小臂 1 的夹角为 β（图7-9中的 β 角度值为负），（*CD*）小臂 3 与（*BC* 延长线）小臂 2 的夹角为 γ，整个机械臂的转动角度为 θ。

假定 D 点需要到达坐标（x_D, y_D, z_D）手抓的抓取角度为 φ，φ 是指（*CD*）小臂 3 与平面 *XOY* 的夹角，而此种模型下 *AB* 的臂长为固定值 L_1，*BC* 的臂长为固定值 L_2，*CD* 的臂长为固定值 L_3，因此可获得：

$$\alpha + \beta + \gamma = \varphi \tag{7-4}$$

$$L_1 \sin\alpha + L_2 \sin(\alpha+\beta) + L_3 \sin\varphi = z_D \tag{7-5}$$

$$[L_1 \cos\alpha + L_2 \cos(\alpha+\beta) + L_3 \cos\varphi]\cos\theta = x_D \tag{7-6}$$

$$[L_1 \cos\alpha + L_2 \cos(\alpha+\beta) + L_3 \cos\phi]\sin\theta = y_D \tag{7-7}$$

其中式（7-5）为 *ABCD* 在 *Z* 轴上的投影，式（7-6）为 *ABCD* 在 *X* 轴上的投影，式（7-4）为 *ABCD* 在 *y* 轴上的投影。由于式（7-4）、式（7-5）、式（7-6）、式（7-7）为独立公式，因此这四个公式联立可求解 α、β、γ、θ 值，但是需要注意的是该联立方程获得的不是唯一解，因此需要根据机械机构本身的限制与运动策略的选择来决定最终解。

7.4　桁架式机械臂模型解析

本例中的桁架式机械臂有3个自由度，其能运动的关节主要包含：由舵机1带动的可转动的整个机械臂；由步进电机1带动的升降臂1；由步进电机2带动的可伸缩臂2，夹爪的上下抓取角度不可变。整个二型桁架式机械臂的简化模型如图7-10所示。

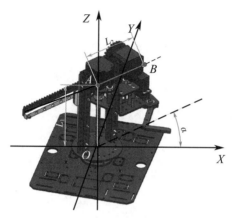

图7-10　二型桁架式机械臂简化模型

整个机械臂 OAB 以 O 点为圆心可绕 Z 轴做转动，OA 为可升降臂1，AB 为可伸缩臂2，B 点为夹爪位置。

假定 B 点需要到达坐标 (x_B, y_B, z_B)，而此种模型下 OA 的臂长为可变值 L_1，AB 的臂长为可变值 L_2，整个机械臂的转动角度为 α，因此非常容易获得：

$$L_1 = z_B \tag{7-8}$$

$$L_2 \cos\alpha = x_B \tag{7-9}$$

$$L_2 \sin\alpha = y_B \tag{7-10}$$

根据式（7-8）、式（7-9）、式（7-10）便可轻易获取升级值 L_1、伸缩值 L_2 与转动角度 α。

7.5　移动机器人机械臂物料搬运

以ROS教育机器人为例，该设备使用多级舵机串联式机械臂模型，如图7-11所示。通过设备装配、配置参数、角度设定等步骤完成移动机器人机械臂的物料装配功能。首先，将机械臂、相机等配件装配到ROS教育机器人，完成设备装配，如图7-12所示。在系统中安装与该设备配套的机械臂库，进入 xrobot2_ws/xrobot_ar/jetarmm 文件夹，新建终端输入以下指令安装。

```
sudo pip3 install -r requirements.txt

sudo pip3 setup.py install
```

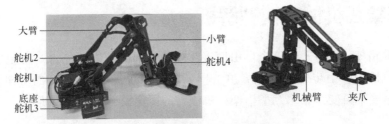

大臂　小臂　舵机2　舵机4　舵机1　底座　舵机3　机械臂　夹爪

图7-11　多级舵机串联式机械臂模型

图7-12　设备装配图

启动机械臂物料搬运程序，打开 xrobot2_ws/src/xrobot_arm/arm.py，详细程序如图 7-13 所示。

```
1 from jetarm import arm_v1servo
2 import serial
3 from time import *
4
5 ser = serial.Serial(port="/dev/XCOM1", baudrate=1000000)
6
7 arm = arm_v1servo.Arm_v1servo(ser, lower_arm_servo_reset_angle=0)
8
9 arm.angle_control(0,-5,-45,90,50,100)#star
10 sleep(3)
11 arm.angle_control(0,54,-55,90,50,100)
12 sleep(10)
13 arm.angle_control(0, 54, -30, 24, 50, 100)#grip
14 sleep(5)
15 arm.angle_control(40,50,-50,24,50,100)#place
16 sleep(10)
17 arm.angle_control(40,35,-40,90,50,100)
18 sleep(10)
19 arm.angle_control(0,-5,-45,90,50,100)#reset
```

图7-13　详细程序

由图7-13程序可知，机械臂初始姿态设定：arm.angle_control（0，−5，−45，−90，−50，−100）。其中，angle_control函数前四个参数分别代表底座角度、大臂角度、小臂角度、夹爪角度。后两个参数分别代表时间和速度，在本实验中均设为50、100。

初始姿态中设置底座（舵机1）角度为0°，大臂（舵机2）角度为−5°，小臂（舵机3）角度为−45°，夹爪（舵机4）角度为90°。

通过使用本机设定好的角度或者自己修改程序设定角度后，在xrobot2_ws/src/xrobot_arm目录下新建一个终端，输入python3 arm.py，执行机械臂物料搬运程序，运行结果如图7-14所示。注意观察机械臂搬运过程，它的舵机和小臂的配合使得目标物体搬运过程十分顺畅，这在生产生活中的应用前景十分广泛。

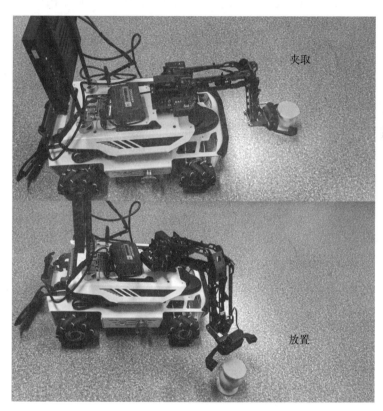

图7-14　程序运行结果

7.6　本章小结

本章学习了工业机器人机械臂的模型结构，了解机械臂结构的设计和性能直接决定了机器人的应用范围、工作效率和操作精度。各种工业机器人机械臂模型都有其独特之处和适用场景，选择何种模型取决于具体的工作需求和环境条件。随着技术的不断进步和成本的降低，工业机器人机械臂将在未来发挥更加重要的作用，不断推动工业自动化和智能化的发展。

知识测评

一、选择题

1. 机器人的符号表示中，R 表示的是（　　　）。

A. 转动关节　　B. 平动关节　　　　C. 固定关节　　　　D. 弹性关节

2. 在机器人机械臂中，Z_i 通常表示（　　　）。

A. 连杆的长度　B. 关节的轴线　　　C. 连杆的质量　　　D. 关节的力矩

3. 对于机械臂而言，一个关节通常对应（　　　）。

A. 一个自由度　B. 两个自由度　　　C. 三个自由度　　　D. 四个自由度

4. 在 ROS 中，（　　　）工具用于描述和模拟机械臂的运动学。

A. Gazebo　　　B. RViz　　　　　C. MoveIt!　　　　　D. URDF

5. 以下（　　　）文件格式通常用于表示 ROS 中的 3D 机器人模型。

A. XML　　　　B. XYZ　　　　　C. STL　　　　　　D. UDF

二、判断题

1. ROS 中使用 URDF 来定义机器人的几何形状和关节。　　　　　　（　　　）

2. 为了在 ROS 中使用 MoveIt!，必须先安装并配置 Gazebo 仿真环境。　（　　　）

3. ROS 机器人机械臂的连杆数量越多，其灵活性一定越高。　　　　（　　　）

4. ROS 中的机械臂模型可以与实际硬件完全对应，也可以仅作为仿真使用。（　　　）

5. 自由度是衡量机器人灵活性的重要指标，它代表了机器人独立运动的能力。（　　　）

三、填空题

1. 常见的机械臂结构有_____种，分别是_____。

2. 对于一个机械臂而言，如果其自由度小于 6，那么它无法以_____的姿态到达工作空间中的每一点。

3. 机械臂的运动学问题包括正运动学和_____运动学问题。

4. 在 ROS 中，_____文件用于定义机械臂的关节、连杆和运动学参数。

5. 为了在 ROS 中进行机械臂的路径规划和操作，通常使用_____软件包。

第8章

机器人视觉处理

人类依赖视觉来获取的信息超过90%，眼睛作为人类感知世界的窗口，不断地向大脑这个强大的"处理器"输送视觉数据，使其能够解析和理解外部环境，进而构建世界观。不禁思考，如何让机器人也能具备这样的能力呢？很自然地，我们会想到为机器人配备一双"眼睛"，但这仅仅是开始，因为机器人的视觉处理过程远比人类复杂。在本章中，我们将深入探讨机器人视觉处理技术的奥秘。

未来，机器人可能会成为家庭中的亲密成员，协助主人处理琐碎的家务。如图8-1所示，一款家用机器人正在执行洗碗的任务。为了完成这一任务，它首先需要通过视觉系统定位碗的位置，接着分析如何准确地抓取碗，并将其放入洗碗机中，最后关闭洗碗机的门。此外，机器人执行折叠衣物、整理物品、倒红酒、插花等任务时，都离不开机器视觉技术的支持。因此，机器视觉技术在机器人的发展中占据了举足轻重的地位，它也是当前热门研究方向之一。

本章以OpenCV、TensorFlow、yolo等视觉软件为例，结合常用的视觉传感器进行数据收集与处理，完成图像获取与数据分析，深入探讨机器人视觉处理技术的奥秘。

图8-1　家庭服务机器人

学习目标

（1）知识目标

① 掌握机器人视觉处理的基本概念，了解机器视觉处理常用软件的使用方法。

② 了解摄像头、激光雷达等常用视觉传感器的原理、特点及应用场景。

（2）能力目标

① 能够设计并实现机器人视觉处理系统，包括图像采集、预处理、特征提取、目标检测与识别等模块。

② 能够分析机器人在视觉处理过程中遇到的问题，如光照变化、遮挡、噪声干扰等，并提出有效的解决方案。

（3）素养目标

① 辩证看待视觉成像的结果，学会分析现象原理与数据调试。

② 尊重事实证据，不妄自揣测，培养学生由现实依据出发，脚踏实地的责任意识。

 学习导图

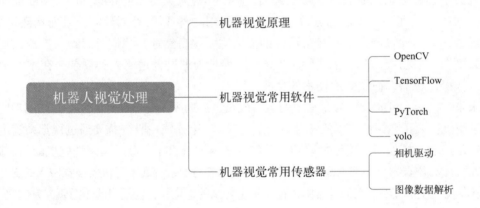

 知识讲解

8.1 机器视觉原理

机器视觉，即利用计算机技术模拟人类的视觉功能，它不仅延伸了人眼的观察范围，更重要的是能够模拟人脑对图像的处理和理解能力。通过从图像中提取信息、进行处理并理解，机器视觉被广泛应用于实际检测、控制等场景。

虽然获取图像信息相对简单，但要让机器人理解图像中多样化的物品却极具挑战性。机器视觉作为一个涉及人工智能、神经生物学、物理学、计算机科学、图像处理、模式识别等多个领域的交叉学科，吸引了大量开发者和组织参与其中。尽管已经积累了众多技术，但仍有许多问题亟待解决，机器视觉的研究将是一个长期而持续的过程。

机器视觉涉及的关键技术众多，其中视觉图像的采集和信号处理是重要的一环。这一过程主要通过传感器硬件采集外部光信号，并将其转换为数字电路信号，以便进行后续处理。获取图像后，更重要的是要识别图像中的物体、确定其位置或检测其变化，这就需要运用模式识别或机器学习等技术。这也是当前机器视觉研究的重点之一。

与人类的双眼不同，机器用于获取图像的传感器类型丰富多样，可以是一个或多个摄像头，它们能够获取颜色、深度和能量信息。当然，这也给后期处理带来了不同的计算压力。在工业领域，机器视觉系统已被广泛应用于自动检验、工件加工、装配自动化以及生产过程控制等方面。随着机器人的快速发展和应用，机器视觉也逐渐应用于农业机器人、AMR物流机器人、服务机器人等多个领域，它可以在农场、物流、仓储、交通、医院等多种环境中发挥作用，如图8-2所示。

图8-2　机器视觉在工业和交通领域的应用示例

人类视觉擅长对复杂、非结构化的场景进行定性解释，而机器视觉则凭借速度、精度和可重复性等优势，在对结构化场景进行定量测量方面表现出色。

典型的机器视觉系统可以分为图像采集、图像分析和控制输出三个部分，如图8-3所示。

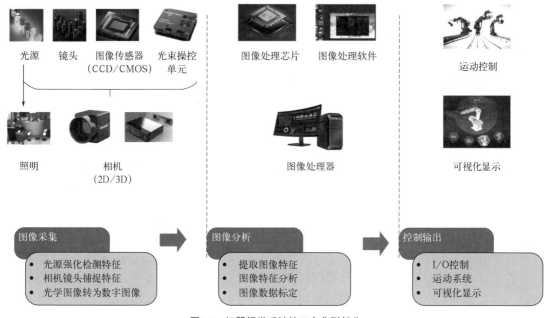

图8-3　机器视觉系统的三个典型部分

图像采集注重原始光学信号的采样，是整个视觉系统的传感部分，其核心是相机及相关配件。光源在照明待检测物体并凸显其特征方面起着重要作用，良好的光源和照明效果对机器视觉判断具有显著影响。当前，机器视觉的光源已经突破了人眼的可见光范围，其光谱范围广泛，可实现更精细和更广泛的检测范围以及满足特殊成像需求。

相机作为机器视觉系统的"眼睛"，承担着图像信息采集的重要任务。图像传感器是相机的核心元器件，主要有 CCD 和 CMOS 两种类型。它们的工作原理是将相机镜头接收到的光学信号转化为数字信号。选择合适的相机是机器视觉系统设计的重要环节，它不仅直接影响采集图像的质量和速度，还与整个系统的运行模式密切相关。

图像处理系统接收到相机传来的数字图像后，会运用各种软件算法进行图像特征提取、特征分析和数据标定，最终作出判断。这是视觉算法研究的核心，从传统的模式识别算法到当前热门的各种机器学习方法，都是为了更好地让机器理解环境。例如，对于人眼来说，识别出某个物体是苹果很简单，但对于机器人来说，它需要提取不同种类、颜色、形状的苹果的特征，然后训练得到一个苹果的模型，再通过这个模型对实时图像进行匹配分析，从而判断面前的物体是否为苹果。

在机器人系统中，视觉识别的结果需要与机器人的某些行为相关联，即控制输出部分。这包括 I/O 控制、运动控制、可视化显示等功能。当图像处理系统完成图像分析后，会将判断结果发送给机器人的控制输出部分，接下来，机器人根据这些结果完成相应的运动控制。例如，如果视觉系统识别到了抓取目标的位置，它会通过 I/O 口控制夹爪完成抓取和放置动作，同时，识别到的结果和运动状态都可以在上位机中显示，方便进行监控和管理。

在机器视觉的三个部分中，图像分析占据了核心地位。目前有许多开源软件或框架可用于图像分析，下面介绍几个常用软件，这些软件和框架为开发者提供了强大的工具和资源，推动了机器视觉技术的不断发展和创新。

8.2　机器视觉常用软件

机器视觉常用软件包括多种类型，这些软件根据其功能和应用领域的不同，可以分为图像处理和分析软件、机器视觉集成开发环境、机器视觉算法库等。此外，还有一些针对特定应用领域的机器视觉软件，如医学图像处理软件、安全监控软件等。这些软件通常根据具体的应用需求进行定制开发，具有特定的功能和特点，用户可以根据自己的需求和应用领域选择合适的软件。在选择软件时，需要考虑软件的功能、性能、易用性、可扩展性等因素，并结合实际的应用场景进行评估和选择。以下介绍几种常见的机器视觉软件。

8.2.1　OpenCV

在机器视觉和计算机视觉这一广阔且持续增长的领域中，2000 年之前的情况显得相当混乱。尽管市场潜力巨大，但众多科研机构各自为战，研究出的机器视觉相关代码往往不稳定，硬件可移植性差，且难以与其他软件兼容。商业化公司如 Halcon 和 Matlab 虽然提供了相对成熟的解决方案，但高昂的价格使得许多开发者望而却步。在这一背景下，缺乏统一的标准 API 使得机器视觉开发的成本变得异常高昂。

英特尔公司在 1999 年启动了 OpenCV 项目，该项目的核心目标是为全球范围内的机器视觉研究提供一套开源且标准的处理库，以推动该领域的进步。这一举措不仅填补了市场的空白，更催生了一个广受欢迎的开源软件——OpenCV。

OpenCV 主要以 C/C++ 语言编写，确保了高效的执行速度。它实现了图像处理和计算机视觉方面的众多通用算法，使得开发者在开发视觉应用时无须从头开始，而是可以基于这些基础库专注于应用本身的优化。此外，由于用户使用的基础平台一致，熟悉 OpenCV 的开发者可以迅速掌握其他开发者使用 OpenCV 编写的代码，从而促进了开发者之间的交流与协作。

与机器人操作系统类似，OpenCV 也是一款开源软件，它选择了相对开放的许可证——BSD 许可证，这意味着基于 OpenCV 编写的代码可以在不修改原生库的前提下进行商业化应用，而无需对用户开源。同时，OpenCV 支持的编程语言众多，包括 C++、Python、Java、Matlab 等，并且兼容 Windows、Linux、Android 和 Mac OS 等操作系统。总之，OpenCV 的崛起不仅推动了机器视觉领域的发展，还为广大开发者提供了一个高效、灵活且易于交流的平台。

OpenCV 提供的功能丰富多样，后续章节将详细介绍一些基础的图像处理方法。对于希望深入研究的读者来说，也可自行查阅参考网络上的相关资源。

8.2.2　TensorFlow

人工智能与机器学习的飞速发展使得机器视觉检测迎来了新的变革。相较于传统的图像处理软件，机器学习赋予了机器视觉更强的适应性，能够在复杂多变的环境中保持高精度。同时，机器学习的引入显著缩短了机器视觉的开发与测试周期，为行业发展提供了契机。

在这一背景下，TensorFlow 作为 Google 于 2015 年底推出的机器学习平台，凭借其卓越的性能和广泛的适用性，迅速在学术界和工业界崭露头角。TensorFlow 的核心优势在于其强大的跨平台能力，无论是在高性能的 GPU 上还是在低功耗的手机平板中，都能得到良好的运行效果。因此，大量基于 TensorFlow 的 AI 服务正在改变人们的日常生活。

TensorFlow 的技术框架分为前端系统和后端系统两部分：前端系统负责提供编程模型，构造计算图；而后端系统则负责提供运行环境，执行计算图。如图 8-4 所示。这种架构使得 TensorFlow 在处理机器视觉任务时能够保持高效与稳定。

在 TensorFlow 的计算图中，数据以张量的形式流动，而节点则代表数学操作。数据流图的设计使得机器学习过程中的数据处理变得直观且易于管理。这也正是 TensorFlow 名称的由来——张量（tensor）的流动（flow）。

值得一提的是，TensorFlow 的跨平台性极佳，不仅能在 Linux、Mac OS、Windows、Android 等操作系统上流畅运行，还能实现分布式计算。以著名的围棋 AI 阿尔法围棋（AlphaGo）为例，其背后就是基于 TensorFlow 搭建的庞大计算网络，涉及上万台计算机。

当然，TensorFlow 也并非完美无缺。其底层代码较为复杂，需要开发者编写大量应用代码，且存在功能重复的情况。此外，由于 TensorFlow 是由 Google 资深工程师开发，涉

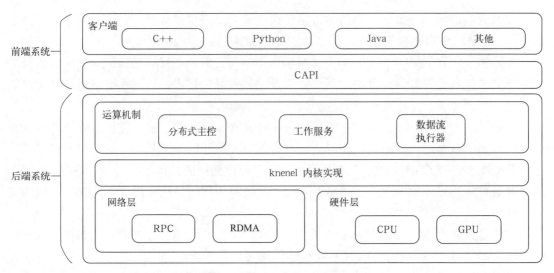

图8-4　TensorFlow技术框架

及的技术和概念较为深奥，对新手来说上手难度较高。针对这些问题，TensorFlow官方提供了一系列开源例程和预训练模型，如TensorFlow Object Detection API，以帮助开发者快速构建、训练和部署对象检测模型。

通过TensorFlow Object Detection API，开发者可以轻松实现图像中的目标识别，如对小狗、人、风筝等的识别。该框架还附带了八十余种已训练好的目标模型，涵盖了生活中的各种常见物品，如碗、西兰花、杯子、桌子、瓶子等，如图 8-5 所示，这为机器视觉领

图8-5　TensorFlow Object Detection API附带的目标模型

域的研究者和开发者提供了一套高效且实用的工具集。

8.2.3 PyTorch

2017年春，Facebook发布了一个备受瞩目的开源机器学习库——PyTorch。尽管底层采用C++实现，但上层主要支持Python语言，其技术框架图如图8-6所示，它可以为用户提供更加直观和灵活的开发体验。如果将编程语言进行类比，TensorFlow就像是C语言，需要先构建计算图，类似于编译过程，但能够适应不同的硬件平台，实现高效运行，而PyTorch则更接近于Python语言，它允许动态构建图结构，简洁而灵活。尽管在功能和跨平台性方面略逊于TensorFlow，但PyTorch的设计理念注重最小化封装，以符合开发者的思维模式，这意味着开发者可以更加专注于实现自己的想法，而无需过多考虑框架本身的约束。

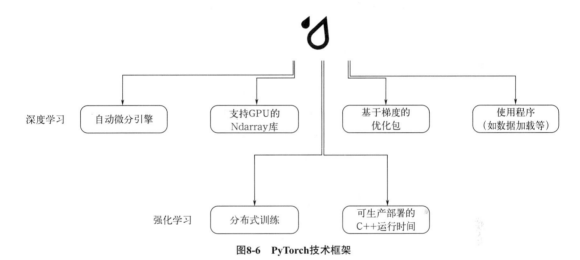

图8-6　PyTorch技术框架

PyTorch的设计追求直观和易用，它致力于避免不必要的复杂性，让用户能够心无旁骛地专注于创意和实践。在PyTorch中，开发者可以直观地将思维实现，而无需过多地受到框架本身束缚。与TensorFlow不同，后者引入了诸如张量、图、操作和变量等相对抽象的概念，PyTorch则采取了更为简洁的路径。事实上，PyTorch的源代码体积仅为TensorFlow的约十分之一，这种精简不仅减少了抽象层次，还带来了更为直观的设计体验。这种直观性和简洁性使得PyTorch的源代码非常易于阅读和调试，就像阅读普通的Python代码一样，开发者可以轻松理解PyTorch的内部逻辑，从而更快速地进行原型开发、实验验证以及问题定位。这种高效的工作流程无疑加速了机器学习和深度学习领域的研究与应用进展。

TensorFlow和PyTorch都是杰出的机器学习开源框架，它们功能相似，但各有千秋。TensorFlow在跨平台性能方面表现出色，而PyTorch则在灵活性和易用性方面更胜一筹。两者都广泛应用于机器视觉识别、自然语言理解、运动控制等诸多领域。作为机器学习计算平台，它们为开发者提供了丰富的工具和资源，推动了人工智能技术的不断发展和创新。

8.2.4　yolo

yolo是当前备受瞩目的实时目标检测系统，自2015年问世以来，便以其卓越的实时性能在机器视觉领域崭露头角。其核心思想在于将对象检测任务重新定义为回归问题，通过单个卷积神经网络（CNN）实现图像网格化，并预测每个网格内对象的存在概率及其边界框。

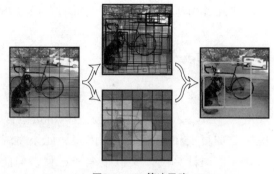

图8-7　yolo算法思路

以一张100×100的图像为例，yolo的CNN网络会将其划分为7×7的网格。每个网格都负责检测那些中心点落在其范围内的目标。如图8-7所示，若小狗目标的中心点位于左下角的网格内，则该网格将负责预测狗这一对象。

在训练过程中，每个网格会生成多个边界框，但终极目标是使每个对象仅对应一个最佳边界框。因此，它会根据边界框与事先标注的真实框之间的重叠度（如IOU指标）来选择最优的边界框，从而预测对象的位置和存在概率。

最终，被选定的边界框将成为识别的结果，并通过四个关键参数进行描述：边界框的中心位置、高度、宽度以及识别到的对象类别。

这样，yolo便能够实现对目标的实时检测，为后续的机器人行为控制等应用提供关键信息。此外，yolo的识别速度极为迅捷，它能够轻松处理实时视频流，如车辆行驶的动态监测、自然环境中的目标识别等场景。这使得yolo在机器视觉领域具有广泛的应用价值，成为当前最受欢迎的目标检测框架之一。

当然，除了上述介绍的机器学习和目标检测框架外，机器视觉领域还有众多优秀的开源软件可供选择，这些工具各具特色，为机器视觉的发展提供了有力支持。

8.3　机器视觉常用传感器

在了解图像处理领域的常用软件后，我们再来认识图像采集部分的核心组件——传感器，如图8-8所示，这些传感器在机器视觉系统中扮演着至关重要的角色。

随着半导体技术的日新月异，机器视觉系统正逐步实现集成化、小型化和智能化。许多现代智能相机虽然体积小巧，却内置了高性能的处理器，能够直接输出识别结果，从而省去了外部控制器的需求。

传统的视觉相机主要捕获二维图像，缺乏空间深度信息。然而，随着工作要求的日益复杂，3D成像与传感技术的出现为机器视觉领域带来了革命性的变革。它们不仅能够有效解决复杂物体的模式识别和三维测量难题，还为实现更高级的人机交互功能提供了可能，因此得到了广泛应用。

图8-8　常用视觉传感器

在工业领域，主流的3D视觉技术方案主要有三种：飞行时间（ToF）法、结构光法以及双目立体视觉法。这些技术的兴起不仅推动了相机硬件的创新，也加速了核心传感器和半导体芯片技术的发展。

对于机器人等应用中常用的视觉传感器，机器人操作系统（ROS）提供了标准化的驱动包和消息定义。以笔记本电脑摄像头为例，通过ROS驱动包，可以轻松实现其驱动和集成。接下来，我们深入探讨这些常用传感器的工作原理和应用场景。

8.3.1　相机驱动

在Ubuntu系统中，通过终端输入如下特定命令，利用roslaunch命令运行astra_cam提供的测试启动文件。驱动相机，并通过ROS话题发布相机内的图像信息，如图8-9所示。这里的图像信息是由ROS驱动后，通过ROS消息机制发布的图像话题数据。

```
roslaunch astra_camera astra.launch
```

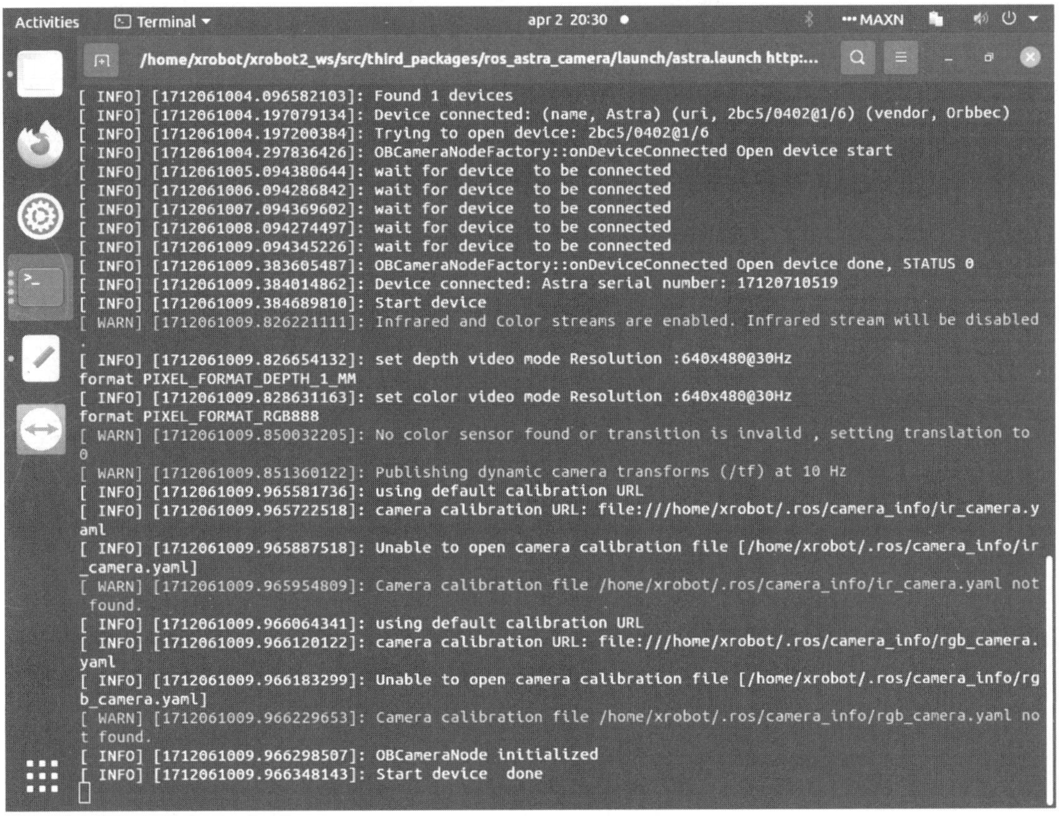

图8-9　相机驱动与图像显示

为了验证图像信息的发布，可以使用ROS提供的小工具进行订阅和显示。

```
rqt_image_view
```

输入以上命令后，稍等片刻，将看到如图8-10所示的图像信息。如果未显示图像，可以在下拉框中选择需要订阅的图像话题。其中，astra_cam/image_raw 代表原始的RGB图像信息，而astra_cam/image_raw/compressed 则是压缩后的数据，它减小了图像传输的数据量。

astra_cam驱动包能够支持大多数遵循标准协议的USB相机，并提供了一系列可调试的参数，如图像分辨率、编码格式、帧率、亮度、饱和度等。在实际

图8-10　rqt_image_view图像信息显示

应用中，用户可以根据需求，结合摄像头的性能进行调整。关于astra_cam功能包中各个话题的详细信息，可参考表8-1。astra_cam功能包中的参数如表8-2所示。

表8-1　astra_cam功能包中的话题

类别	名称	类型	描述
Topic 发布	/camera/color/image_raw	sensor_msgs/Image	发布图像数据
Topic 发布	/camera/depth/camera_raw	sensor_msgs/Image	发布图像数据
Topic 发布	/camera/ir/camera_raw	sensor_msgs/Image	发布图像数据

表8-2　astra_cam功能包中的参数

参数	类型	默认值	描述
device	int	1	设备数量
depth_scale	int	1	深度图像大小
color_width	int	640	图像横向分辨率
color_height	int	480	图像纵向分辨率
color_fps	int	30	相机帧率
enable_color	bool	true	是否使用颜色图像信息
color_format	string	RGB	使用 RGB 格式
depth_width	int	640	图像横向分辨率
depth_height	int	480	图像纵向分辨率
depth_fps	int	30	相机帧率
enable_depth	bool	true	是否使用深度图像信息
depth_format	string	Y11	使用 Y11 格式
ir_width	int	640	图像横向分辨率
ir_height	int	480	图像纵向分辨率
ir_fps	int	30	相机帧率
enable_ir	bool	true	是否使用红外图像信息
ir_format	string	Y10	使用 Y10 格式

8.3.2 图像数据解析

在ROS中，原始图像数据是通过Image消息进行定义的。sensor_msgs/Image的消息结构如图8-11所示，包含了图像的关键信息。

```
→ ~ rosmsg show sensor_msgs/Image
std_msgs/Header header
  uint32 seq
  time stamp
  string frame_id
uint32 height
uint32 width
string encoding
uint8 is_bigendian
uint32 step
uint8[] data
```

图8-11   sensor_msgs/Image消息结构

具体来说，这些图像数据的内容如下：

① header。消息头，其中包含了图像的序号、时间戳和绑定坐标系，为图像提供了上下文信息。

② height。图像的纵向分辨率，即图像中包含的像素点行数。

③ width。图像的横向分辨率，即图像中包含的像素点列数。

④ encoding。图像的编码格式，这里包括RGB、YUV等常用格式，但不涉及图像的压缩编码。

⑤ is_bigendian。指示图像数据的大小端存储模式。

⑥ step。每行图像数据的字节数量，作为数据的步长参数，有助于定位图像数据中的每个像素。

⑦ data。这是一个数组，用于存储实际的图像数据。其大小是step与height乘积个字节，确保能够容纳整幅图像的数据。

在计算机上常见的图片文件后缀，如jpeg、png或bmp，其实代表了图像经过压缩后的编码格式。这些后缀名反映了不同的国际标准图像压缩算法。为了处理这些压缩后的图像数据，ROS也定义了相应的标准消息，使其更精练。

除消息头外，图像的压缩编码格式和具体的图像数据也是重要部分。这些压缩方法均遵循国际标准，因此，图像数据经过标准压缩方法处理后，会被存储在data数组中。当需要使用这些数据时，再采用相应的标准解码方法即可恢复图像。sensor_msgs/CompressedImage的消息结构细节如图8-12所示。

```
→ ~ rosmsg show sensor_msgs/CompressedImage
std_msgs/Header header
  uint32 seq
  time stamp
  string frame_id
string format
uint8[] data
```

图8-12   sensor_msgs/CompressedImage消息结构

这些压缩后的图像数据通常可以节省70%以上的存储空间。在面临传输压力时，推荐使用压缩数据，以减轻系统负担并提高效率。

8.4　本章小结

本章深入了解机器人处理视觉信息的原理与过程，接触并学习了OpenCV、TensorFlow、PyTorch以及yolo等开源软件和算法，介绍了常用的视觉处理软件，以及在高分辨率图片信息的处理时所需要的传感器以及数据参数的后续处理，这些都为机器人视觉的应用奠定基础。

 知识测评

一、选择题

1. 机器视觉常用软件有（　　　　）。

A. OpenCV　　　B. yolo　　　　　　　C. TensorFlow　　　　　D. PyTorch

2. 在ROS机器人视觉开发中，以下（　　　　）工具通常用于机器人仿真。

A. Rviz　　　　B. Gazebo　　　　C. rqt　　　　　　D. rosbag

3. ROS机器人视觉开发时，用于可视化ROS消息的工具是（　　　　）。

A. Gazebo　　　B. Rviz　　　　　C. rqt　　　　　　D. rosbag

4. 表示图像的横向分辨率的数据是（　　　　）。

A. Header　　　B. Width　　　　C. Height　　　　D. step

5. 在ROS中，用于实时图像传输的机制是（　　　　）。

A. Service　　　B. Actionlib　　　C. Imagetransport　　　D.Parameterserver

二、判断题

1. Gazebo是ROS机器人视觉开发中常用的仿真工具。　　　　　　　　　（　　　）

2. Rviz只能用于机器人视觉的仿真，不能用于可视化ROS消息。　　　（　　　）

3. ROS中的image_transport包提供了实时图像传输的功能。　　　　　（　　　）

4. ROS中的sensor_msgs包提供了图像处理的功能。　　　　　　　　　（　　　）

5. OpenCV是一个专门用于机器人视觉处理的软件。　　　　　　　　　（　　　）

三、填空题

1. 图像采集是对_____信号的采样，是整个视觉系统的传感部分。

2. 图像传感器主要有_____和_____两种类型。

3. 目前，工业领域主流的3D视觉技术方案有_____种，分别是_____。

4. 在ROS中，用于将图像数据从一种格式转换为另一种格式的工具是_____。

5. 在ROS中，用于实现机器人视觉中的点云处理的软件是_____。

第3篇

移动机器人应用

移动机器人是一种能够自动执行工作的机器装置，具有在环境中四处移动的能力，可以在不受控制的环境中自主导航或者依靠引导设备在相对受控的空间中行驶预定的导航路线。它们可以接受人类指挥，运行预先编排的程序，也可以根据人工智能技术制定的原则自主行动。随着技术的发展和性能的不断提高，移动机器人的应用领域日益扩大。本篇我们学习移动机器人的几种典型应用，深入理解视觉分拣、SLAM地图构建、自主导航、码垛等的控制原理与实现步骤，更好掌握移动机器人的控制应用。

第9章

机器人视觉应用

随着技术的不断发展，机器人已经越来越多地被引入到各种工业生产线和作业场景中，而视觉技术则成为机器人实现高精度、高效率作业的关键，不仅提高了生产效率和产品质量，还降低了人工操作的错误率和成本。

学习机器人视觉应用，需要深入了解视觉系统的基本原理和构成，掌握图像处理和识别的关键技术，学习如何将视觉技术与机器人控制相结合，实现机器人对各种环境和对象的感知并决策。这一过程将涉及计算机视觉、图像处理、机器学习等多个领域的知识，是对综合能力的一次全面挑战。机器人视觉应用的学习，不仅能够提升个人在自动化和智能制造领域的竞争力，也可为未来的科技创新和产业发展贡献力量。

本章以机器人视觉处理为核心，讲解实际应用场景中目标物体的识别、检测及分析方法，为深入理解机器视觉原理及其应用奠定基础。

 学习目标

（1）知识目标

① 熟悉常用的机器人视觉算法和技术，如特征提取、物体识别、跟踪、姿态估计等。

② 掌握工业制造、物流运输、服务机器人等不同领域对机器人视觉应用的需求。

（2）能力目标

① 能够针对机器人视觉应用系统中存在的问题进行优化，如提高目标检测的准确性、减少误识别等。

② 能够根据具体应用场景设计合适的机器人视觉应用系统，包括硬件选型、算法选择等。

（3）素养目标

① 把握机器人系统与视觉模块的联系，探究二者之间的关系。

② 养成整体规划的学习习惯，培养以整体的眼光看待事物发展的思维。

学习导图

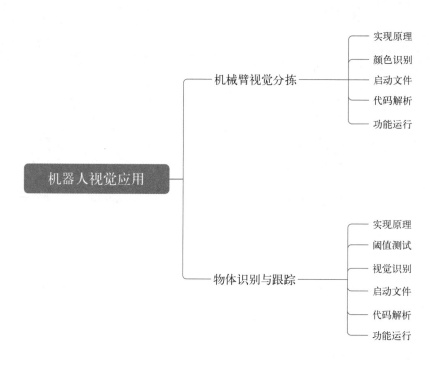

知识讲解

9.1 机械臂视觉分拣

机械臂视觉分拣是一个复杂的系统工程，涉及图像处理以及运动规划与控制等多个领域的知识和技术，通过图像采集、图像处理、特征提取、模式识别、运动规划与控制、物品分拣等步骤实现既定程序的功能运行。

在此过程中，机械臂的视觉系统起到了关键作用。它不仅能够像人类一样判断物品的大小、距离、重量等信息，还能基于大量的训练数据和深度学习，不断提高对物品属性的辨别精度。同时，高效的通信传输和运动规划也是实现机械臂视觉分拣的关键环节。随着技术的不断进步和算法的持续优化，机械臂视觉分拣的效率和精度将不断提高，为物流、制造业等行业的自动化和智能化发展提供有力支持。

9.1.1 实现原理

机械臂视觉分拣的实现主要依赖于计算机视觉技术和机械臂的精确控制技术，需要两者协调配合。以 ROS 教育机器人为例，我们可以将机械臂夹取和深度相机对彩色物料的颜色识别等技术结合共同完成视觉分拣工作，功能运行图如图 9-1 所示。

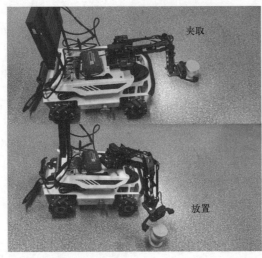 

图9-1　功能运行图

（1）视觉系统部分

① 图像获取。首先，通过高分辨率的相机获取待分拣物品的图像。这通常需要合适的照明条件以确保图像的质量和清晰度。

② 图像预处理。获取到的图像需要经过预处理步骤，如去噪、增强对比度、色彩空间转换等，以突出物品的特征并减少后续处理的复杂性。

③ 特征提取。利用图像处理技术提取物品的特征，这些特征可能包括形状、大小、颜色、纹理等。这些特征对于后续的识别和分类至关重要。

④ 物品识别与定位。通过机器学习或深度学习算法对提取的特征进行识别，以确定物品的种类。同时，通过图像处理和计算机视觉技术确定物品在图像中的精确位置。

（2）机械臂控制部分

① 运动规划。一旦物品被识别和定位，机械臂需要进行运动规划。这涉及确定从当前位置到物品位置的最佳路径，以及抓取物品时的姿态和角度。

② 控制算法。机械臂的运动控制通常依赖于复杂的控制算法，如逆动力学、轨迹规划等。这些算法确保机械臂能够精确、快速地到达目标位置并执行抓取动作。

③ 执行机构。机械臂的执行机构（如电机、传动机构等）根据控制算法的指令进行运动，实现物品的抓取和放置。

9.1.2　颜色识别

机器人通过其视觉传感器（如摄像头）捕获环境的彩色图像。当摄像头捕捉到这些彩色图像后，机器人上的嵌入计算机系统开始工作。这个系统的主要任务是将模拟视频信号转化为数字信号，以便进行后续的处理和分析。

接下来，系统会将图像中的像素按照颜色进行分类。这通常涉及将像素分为两部分：

感兴趣的像素（即搜索的目标颜色）和不感兴趣的像素（通常是背景颜色）。这个过程有助于机器人将注意力集中在与目标颜色相关的区域上。在颜色识别的过程中，机器人会将实时捕捉到的颜色信息与预存的颜色信息进行比较或匹配，以找出搜索目标的颜色区域。如果目标出现在机器人的视野中，机器人会进一步通过多种传感器的综合应用来确定目标与机器人之间的相对位置。如果目标没有在视野中出现，机器人会继续进行搜索，直到找到目标或满足特定的停止条件。

值得注意的是，视觉颜色识别过程中需要对光照、噪声和环境等因素进行处理，以确保识别的准确性和稳定性。这通常需要一定的算法和技术支持，常见的视觉颜色识别算法包括HSV、RGB、LAB等。

进入xtobot2_ws/src/xrobot_arm文件夹下，找到detect_grab.py文件，双击打开源代码程序，如图9-2所示，该文件为视觉分拣主程序。相机获取到图像后，对图像进行颜色检测，这个过程中先以HSV值定义红、蓝、绿三种颜色的阈值，将图像由RGB颜色空间转换为HSV值后，根据HSV值提取特定颜色区域，去除噪声后将该区域框出。然后根据检测出的不同颜色夹取道具分拣至不同位置。

图9-2　源代码程序图

实现颜色识别的步骤如下，首先提取出物体颜色（图9-3）。

```
# 根据颜色范围创建掩膜
red_mask = cv2.inRange(hsv_frame, lower_red, upper_red)
blue_mask = cv2.inRange(hsv_frame, lower_blue, upper_blue)
green_mask = cv2.inRange(hsv_frame, lower_green, upper_green)

# 对掩膜进行形态学操作，以去除噪声
kernel = np.ones((5, 5), np.uint8)
red_mask = cv2.morphologyEx(red_mask, cv2.MORPH_OPEN, kernel)
blue_mask = cv2.morphologyEx(blue_mask, cv2.MORPH_OPEN, kernel)
green_mask = cv2.morphologyEx(green_mask, cv2.MORPH_OPEN, kernel)
```

图9-3　提取物体颜色

再接着找到特定的颜色区域绘制方框，程序如图9-4所示。

```
# 在原始帧中找到颜色区域并绘制方框
contours, _ = cv2.findContours(red_mask + blue_mask + green_mask, cv2.RETR_EXTERNAL,
cv2.CHAIN_APPROX_SIMPLE)
```

图9-4　指到特定的颜色区域绘制方框

如颜色识别成功后（本案例为蓝色），运行图9-5所示程序，实现分拣功能。

```
elif np.any(blue_mask[y:y+h, x:x+w]):
    cv2.rectangle(self.cv_image, (x, y), (x+w, y+h), (255, 0, 0), 2)
    sleep(2)
    self.arm.angle_control(0,-5,-45,24,50,100)
    sleep(5)
    self.arm.angle_control(40,54,-50,24,50,100)
    sleep(5)
    self.arm.angle_control(40,30,-40,90,50,100)
```

图9-5　实现分拣功能

将已识别的蓝色道具放在深度相机视野中，如图9-6所示，随后将道具放至夹爪中间，如图9-7所示，机器人将闭合夹爪夹取的道具放至对应位置。

图9-6　道具移至深度相机视野内　　　　图9-7　道具移至夹爪中间

9.1.3　启动文件

8.1节相机启动文件、7.5节机械臂启动文件与本案例密切相关，仅需启动对应节点即可完成功能实现。启动一个名为rviz的节点，加载xrobot_arm包中的arm_02.rviz配置文件，同时包含xrobot_driver包中的xrobot_astra_camera.launch文件，最后启动一个名为object_detect的节点，运行xrobot_arm包中的detect_grab.py代码，并将输出显示在屏幕上即可完成启动。

9.1.4　代码解析

我们通过 Python 程序编写 detect_grab.py 源代码，实现简单的颜色识别和抓取功能，并设置一个名为 ImageConverter 的类（图9-8），用于处理摄像头捕获的图像。该类的主要作用如下：

① 订阅 /camera/color/image_raw 话题，获取摄像头捕获的彩色图像。

② 将 ROS 图像数据转换为 OpenCV 格式。

③ 在图像中检测红色、蓝色和绿色区域，并在原始图像上绘制矩形框。

④ 根据检测到的颜色，控制机械臂进行相应的动作，如抓取物体并将其放置到指定位置。

```
class ImageConverter:
    def __init__(self):
        # 创建图像缓存相关的变量
        self.cv_image = None
        self.get_image = False
        self.arm=arm_v1servo.Arm_v1servo(ser,lower_arm_servo_reset_angle=0)
        self.arm.angle_control(0,-5,-45,90,50,100)

        # 创建cv_bridge
        self.bridge = CvBridge()
        self.image_pub = rospy.Publisher("detect_image",
                        Image,
                        queue_size=1)
        self.image_sub = rospy.Subscriber("/camera/color/image_raw",
                        Image,
                        self.callback,
                        queue_size=1)
```

图9-8　设置一个名为ImageConverter的类

如图9-8所示，在 ImageConverter 类的初始化方法中，创建后续需要的相关变量：创建与图像缓存相关的变量，如 cv_image 和 get_image；创建一个机械臂对象 arm，并设置其初始角度；创建一个 cv_bridge 对象，用于图像格式的转换；创建一个发布器 image_pub 和一个订阅器 image_sub，分别用于发布检测到的图像和接收原始图像数据。接着，进行图像转换（图9-9）。

采用两种图像转换方法，callback 和 color_detection。

callback 方法用于接收 ROS 发布的原始图像数据，并将其转换为 OpenCV 格式的图像。在转换过程中，如果发生 CvBridgeError 异常，则会打印错误信息。转换完成后，会将 get_image 标志设置为 True，表示已经收到图像。

color_detection 方法用于对转换后的图像进行颜色检测。首先定义三种颜色的 HSV 颜色范围，然后将图像转换为 HSV 颜色空间。接着根据颜色范围创建掩模，并对掩模进行形态学操作以去除噪声。最后，分别对红色、蓝色和绿色掩模进行处理，得到每种颜色的像素点坐标。

识别并处理好目标物体的颜色后，便开始简单的抓取任务（图9-10）。

```python
    def callback(self, data):
        # 判断当前图像是否处理完
        if not self.get_image:
            # 使用cv_bridge将ROS的图像数据转换成OpenCV的图像格式
            try:
                self.cv_image = self.bridge.imgmsg_to_cv2(data, "bgr8")
            except CvBridgeError as e:
                print (e)
            # 设置标志, 表示收到图像
            self.get_image = True


    def color_detection(self):
        # 定义颜色范围 (在HSV颜色空间中)
        lower_red = np.array([0, 100, 100])
        upper_red = np.array([10, 255, 255])
        lower_blue = np.array([110, 100, 100])
        upper_blue = np.array([130, 255, 255])
        lower_green = np.array([50, 100, 100])
        upper_green = np.array([70, 255, 255])

        # 将帧转换为HSV颜色空间
        hsv_frame = cv2.cvtColor(self.cv_image, cv2.COLOR_BGR2HSV)

        # 根据颜色范围创建掩膜
        red_mask = cv2.inRange(hsv_frame, lower_red, upper_red)
        blue_mask = cv2.inRange(hsv_frame, lower_blue, upper_blue)
        green_mask = cv2.inRange(hsv_frame, lower_green, upper_green)

        # 对掩膜进行形态学操作, 以去除噪声
        kernel = np.ones((5, 5), np.uint8)
        red_mask = cv2.morphologyEx(red_mask, cv2.MORPH_OPEN, kernel)
        blue_mask = cv2.morphologyEx(blue_mask, cv2.MORPH_OPEN, kernel)
        green_mask = cv2.morphologyEx(green_mask, cv2.MORPH_OPEN, kernel)
```

图9-9　图像转换

```python
# 在原始帧中找到颜色区域并绘制方框
contours, _ = cv2.findContours(red_mask + blue_mask + green_mask, cv2.RETR_EXTERNAL, cv2.CHAIN_APPROX_SIMPLE)
for contour in contours:
    x, y, w, h = cv2.boundingRect(contour)
    if cv2.contourArea(contour) > 500:  # 设置最小区域面积以排除噪声
        if np.any(red_mask[y:y+h, x:x+w]):
            cv2.drawContours(self.cv_image,[contour],-1,(0,0,255),2)
            cv2.rectangle(self.cv_image, (x, y), (x+w, y+h), (0, 0, 255), 2)
            self.image_pub.publish(self.bridge.cv2_to_imgmsg(self.cv_image, "bgr8"))
            sleep(3)
            self.arm.angle_control(0,-5,-45,24,50,200)
            sleep(6)
            self.arm.angle_control(0,54,-50,24.50,200)
            sleep(6)
            self.arm.angle_control(0,45,-60,90,50,200)
            sleep(6)
            self.arm.angle_control(0,30,-40,90,50,200)
        elif np.any(blue_mask[y:y+h, x:x+w]):
            cv2.rectangle(self.cv_image, (x, y), (x+w, y+h), (255, 0, 0), 2)
            cv2.drawContours(self.cv_image,[contour],-1,(255, 0, 0),2)
            self.image_pub.publish(self.bridge.cv2_to_imgmsg(self.cv_image, "bgr8"))
            sleep(3)
            self.arm.angle_control(0,-5,-45,24,50,200)
            sleep(6)
```

```
        self.arm.angle_control(40,54,-50,24,50,200)
        sleep(6)
        self.arm.angle_control(40,45,-60,90,50,200)
        sleep(6)
        self.arm.angle_control(40,30,-40,90,50,200)
    elif np.any(green_mask[y:y+h, x:x+w]):
        cv2.rectangle(self.cv_image, (x, y), (x+w, y+h), (0, 255, 0), 2)
        cv2.drawContours(self.cv_image,[contour],-1,(0, 255, 0),2)
        self.image_pub.publish(self.bridge.cv2_to_imgmsg(self.cv_image, "bgr8"))
        sleep(3)
        self.arm.angle_control(0,-5,-45,24,50,200)
        sleep(6)
        self.arm.angle_control(-40,54,-50,24,50,200)
        sleep(6)
        self.arm.angle_control(-40,45,-60,90,50,200)
        sleep(6)
        self.arm.angle_control(-40,30,-40,90,50,200)
self.arm.angle_control(0,-5,-45,90,50,100)
```

图9-10　抓取任务

使用cv2.findContours函数找到红色、蓝色和绿色掩模的轮廓。遍历每个轮廓,使用cv2.boundingRect函数获取轮廓的边界矩形。如果轮廓的面积大于500(设置的最小区域面积以排除噪声),则判断该轮廓是否在红色、蓝色或绿色掩模中。如果该轮廓在红色掩模中,则在原始帧上绘制红色的边界矩形和轮廓,并通过发布器发布图像。接着,控制机械臂进行抓取动作。同理,若处在蓝色或绿色中,进行判断后进行抓取动作,完成既定功能。最后,将机械臂恢复到初始位置。

9.1.5　功能运行

完成颜色识别后便可以对物体进行分拣了,在xtobot2_ws/src/xrobot_arm下新建一个终端,输入以下命令以运行视觉分拣程序,界面如图9-11所示。

```
roslaunch xrobot_arm detect_grab.launch
```

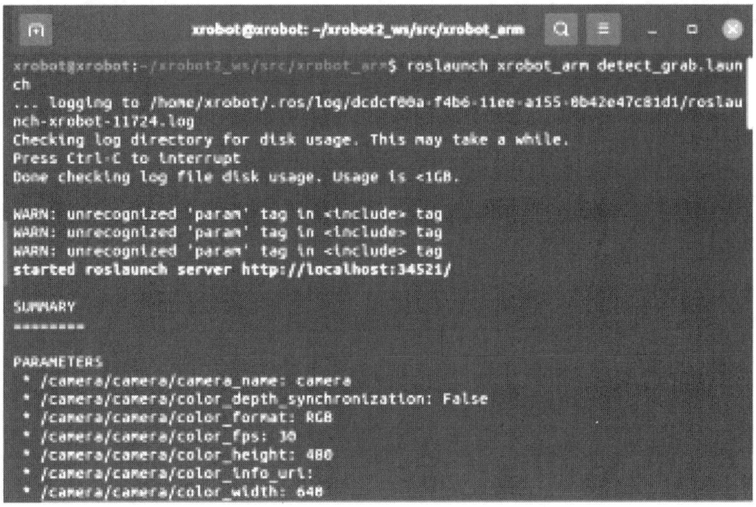

图9-11　运行视觉分拣程序终端界面

至此，我们通过颜色识别实现了机械臂的视觉分拣功能，程序运行结果如图9-12所示。

9.2 物体识别与跟踪

理解了图像识别的基础原理后，接下来就可以通过实践来应用这些知识。首先，来看一个物体识别与追踪的实例。在这个实例中，我们的目标是让机器人能够识别出不同颜色的移动物体，并随着该物体的移动而移动。

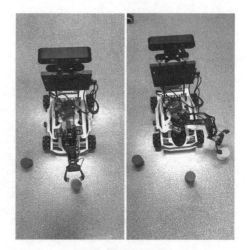

图9-12 运行结果

9.2.1 实现原理

那么，如何识别并追踪物体呢？移动机器人物体识别和追踪的实现主要基于计算机视觉技术和深度学习算法等。

物体识别是指通过计算机视觉技术，对图像或视频中的物体进行自动识别和分类。这一过程主要包括特征提取和特征匹配两个核心步骤。首先，通过计算机视觉算法从图像或视频中提取出与物品有关的特征，这些特征可能包括颜色、纹理、形状、边缘等。然后，将这些特征与已知物体的特征进行匹配，通过比较相似度来确定物体的类别。为了实现准确和可靠的物体识别，还需要使用大量的样本数据对分类器进行训练，常用的分类器包括决策树、支持向量机、神经网络等。

物体追踪则主要关注在视频序列中实时跟踪物体的位置和运动。物体追踪通常首先使用目标检测算法来识别物体，并生成物体的边界框。然后，在边界框内提取物体的特征表示。接下来，利用物体跟踪算法，在第一帧中检测到物体后，会在后续帧中使用这些特征来追踪物体的位置。物体追踪算法可以基于模型（如卡尔曼滤波器、粒子滤波器）或者基于关键点匹配（如光流法、最小二乘法）等。由于光照变化、遮挡等因素可能导致物体跟踪出现偏差，因此物体跟踪算法还需要定期进行目标更新和校正，以保证跟踪结果的准确性。

如果把识别过程看作一个黑盒，那么输入是一幅图像，输出就是物体识别后的位置。这个位置通常用一个矩形框来描述，矩形框的左上角像素坐标以及长和宽都包含在数据结构中。有了这个位置信息后，就可以让机器人跟随物体进行运动了，例如：如果物体的中心点在图像的右侧，说明物体在机器人的右侧，机器人就会向右转；如果物体在图像的左侧，机器人就会向左转。

对于物体与机器人之间的距离判断，可以依据物体的大小来进行估算。如果识别出的矩形框面积较大，这通常意味着机器人与物体之间的距离相对较近，此时机器人可以考虑后退一些以避免碰撞。相反，如果矩形框面积较小，这通常表示机器人与物体之间的距离较远，这时机器人可以选择向前移动以接近物体。通过这种方式，机器人能够基于视觉感

知调整其与物体的相对距离，从而实现更为
精准的导航和操作。

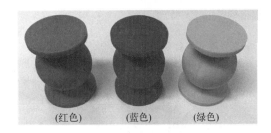

图9-13　颜色识别目标

9.2.2　阈值测试

下一个任务是识别图9-13中展示的不同
颜色的物体。这个任务实质上是颜色识别技
术的一个应用，而非简单的物体识别。

HSV颜色。模型可以用来描述颜色，但颜色有千千万万种，具体的HSV值是多少
呢？为了找到答案，需要调用Rviz三维可视化软件。

首先输入如下指令启动移动机器人打开摄像头，如图9-14所示。

```
roslaunch xrobot_driver xrobot_astra_camera.launch
```

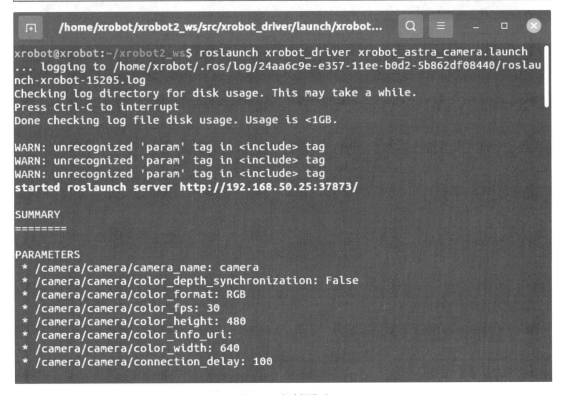

图9-14　启动摄像头

新建一个终端，输入以下指令来启动颜色识别程序，界面如图9-15所示。

```
roslaunch xrobot_cv color_detect.launch
```

随后，新建一个终端，输入下述指令,可以通过调整HSV数值来更改要识别的颜色。
界面如图9-16所示。表9-1展示了HSV数值与颜色的对应关系。

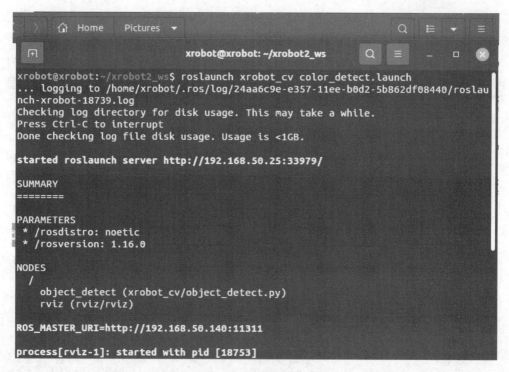

图9-15　启动颜色识别程序

```
rosrun rqt_reconfigure rqt_reconfigure
```

图9-16　指令与调整HSV值界面

表 9-1　HSV 数值与颜色对应关系

颜色	黑	灰	白	红		橙	黄	绿	青	蓝	紫
H_min	0	0	0	0	156	11	26	35	78	100	125
H_max	180	180	180	10	180	25	34	77	99	124	155
S_min	0	0	0	43		43	43	43	43	43	43
S_max	255	43	30	255		255	255	255	255	255	255
V_min	0	46	221	46		46	46	46	46	46	46
V_max	46	220	255	255		255	255	255	255	255	255

9.2.3　视觉识别

视觉识别功能的实现代码位于 xrobot2_ws/scripts/object_detect.py 文件中。接下来我们分段对其代码进行详细分析。首先是程序开头部分，代码如下所示。

```
import time

import rospy
import cv2
from cv_bridge import CvBridge, CvBridgeError
from sensor_msgs.msg import Image
import numpy as np
from math import *
from geometry_msgs.msg import Pose
from dynamic_reconfigure.server import Server
from xrobot_cv.cfg import Params_colorConfig
```

在程序的开头部分，需要导入一些必要的 Python 库和模块，例如：time 模块，用于获取当前时间或进行时间的相关操作；OpenCV 库，这是一个强大的计算机视觉库，用于处理图像和视频；math 模块，其中导入所有函数和常量，提供了基本的数学函数和常数等。这些库和模块将被用于处理图像、转换消息类型、进行数学计算、动态配置参数等机器人操作以及视觉任务。

主函数 main 函数的执行流程非常简洁且直观，代码如下所示。

```
if __name__ == '__main__':
    try:
        # 初始化ROS节点
        rospy.init_node("object_detect")
        rospy.loginfo("Starting detect object")
        image_converter = ImageConverter()
        rate = rospy.Rate(100)
        while not rospy.is_shutdown():
            image_converter.loop()
            rate.sleep()
    except KeyboardInterrupt:
        print ("Shutting down object_detect node.")
        cv2.destroyAllWindows()
```

在该段程序中，首先，初始化 ROS 节点，然后创建一个图像识别的类。接下来，调用该类的功能，并不断地循环订阅图像。一旦获得图像订阅，就开始进行功能处理，所有功能的核心都在 ImageConverter 类中实现（代码如下）。

```
class ImageConverter:
    def __init__(self):
        # 创建图像缓存相关的变量
        self.cv_image = None
        self.get_image = False
        self.srv=Server(Params_colorConfig,self.callback1)

        self.HUE_LOW =35
        self.SATURATION_LOW=43
        self.VALUE_LOW =255
        self.HUE_HIGH =77
        self.SATURATION_HIGH =255
        self.VALUE_LOW =46
```

在 ImageConverter 的初始化函数中，创建了一个 Cvbridge，这有助于后续将 ROS 图像转换为 OpenCV 图像（代码如下）。我们创建了两个发布者和一个订阅者。第一个发布者发布识别完成后目标物体的框选结果图片，第二个发布者发布识别目标位置的位姿 pose 消息，这有助于后续进行机器人控制。此外，还创建了一个订阅者，用于订阅图像话题。在回调函数中对图像进行处理并识别目标。

```
# 创建cv_bridge
self.bridge = CvBridge()

# 声明图像的发布者和订阅者
self.image_pub = rospy.Publisher("object_
detect_image",
                                 Image,
                                 queue_size=1)
self.target_pub = rospy.Publisher("object_detect_
pose",
                                  Pose,
                                  queue_size=1)
self.image_sub = rospy.Subscriber("/camera/color/
image_raw",
                                  Image,
                                  self.callback,
```

　　进入回调函数后，调用Cvbridge功能，将ROS中的图像话题消息转换为OpenCV中的图像数据结构（代码如下）。此过程需要两个参数。

　　① data。订阅得到的图像话题消息。

　　② bgr8。图像数据的编码格式，由BGR（蓝色、绿色、红色）三原色描述，每个颜色的BGR值都是一个8位的数据。

```python
def callback(self, data):
    # 判断当前图像是否处理完
    if not self.get_image:
        # 使用cv_bridge将ROS的图像数据转换成OpenCV的图像格式
        try:
            self.cv_image = self.bridge.imgmsg_to_
cv2(data, "bgr8")
        except CvBridgeError as e:
            print (e)
        # 设置标志，表示收到图像
        self.get_image = True
```

　　接下来需要将数据从ROS转换为OpenCV数据，并通过封装好的detect_object函数进行图像处理（代码如下）。

```python
def detect_object(self):
    # 创建HSV阈值列表
    boundaries = [[[self.HUE_LOW, self.SATURATION_LOW,
                    self.VALUE_LOW], [self.HUE_HIGH,
self.SATURATION_HIGH, self.VALUE_HIGH]]]

    # 遍历HSV阈值列表
    for (lower, upper) in boundaries:
        # 创建HSV上下限位的阈值数组
        lower = np.array(lower, dtype="uint8")
        upper = np.array(upper, dtype="uint8")

    # 高斯滤波，对图像邻域内像素进行平滑
    hsv_image = cv2.GaussianBlur(self.cv_image,
(5, 5), 0)

    # 颜色空间转换，将RGB图像转换成HSV图像
    hsv_image = cv2.cvtColor(hsv_image, cv2.COLOR_BGR2HSV)
```

```
        erode_hsv = cv2.erode(hsv_image, None, iterations=2)##

        # 根据阈值，去除背景
        mask = cv2.inRange(erode_hsv, lower, upper)
        output = cv2.bitwise_and(self.cv_image,
self.cv_image, mask=mask)

        # 将彩色图像转换成灰度图像
        cvImg = cv2.cvtColor(output, 6)  # cv2.COLOR_BGR2GRAY
        npImg = np.asarray(cvImg)
        thresh = cv2.threshold(npImg, 1, 255, cv2.THRESH_
BINARY)[1]

        # 检测目标物体的轮廓
        #findcon_img, cnts, hierarchy = cv2.findContours(thresh,
cv2.RETR_LIST,cv2.CHAIN_APPROX_NONE)
        cnts, hierarchy = cv2.findContours(thresh,
cv2.RETR_LIST,cv2.CHAIN_APPROX_NONE)


        #for contour in cnts: # 获取包围轮廓的最小旋转矩形
            #if contour.shape[0] < 150:
                #continue
        # rect = cv2.minAreaRect(contour)
        # box = cv2.boxPoints(rect)
            #box = np.int0(box) # 计算矩形中心点
            #cX = int((box[0][0] + box[2][0]) / 2)
            #cY = int((box[0][1] + box[2][1]) / 2) # 绘制旋转
矩形和中心点
            #cv2.drawContours(self.cv_image, [box], 0,
(255, 0, 0), 2)
            #cv2.circle(self.cv_image, (cX, cY), 5,
(0, 0, 255), -1)

        # 遍历找到的所有轮廓线
        for c in cnts:
```

```python
        # 去除一些面积太小的噪声
        if c.shape[0] < 150:
                continue

        # 提取轮廓的特征
        M = cv2.moments(c)

        if int(M["m00"]) not in range(500, 22500):
                continue

        cX = int(M["m10"] / M["m00"])
        cY = int(M["m01"] / M["m00"])

        print("x: {}, y: {}, size: {}".format
(cX, cY, M["m00"]))

        # 把轮廓描绘出来，并绘制中心点
        cv2.drawContours(self.cv_image, [c], -1,
(0, 0, 255), 2)
        cv2.circle(self.cv_image, (cX, cY), 1,
1, (0, 0, 255), -1)

        # 将目标位置通过话题发布
        objPose = Pose()
        objPose.position.x = cX
        objPose.position.y = cY
        objPose.position.z = M["m00"]
        self.target_pub.publish(objPose)

    # 再将OpenCV格式的数据转换成ROS image格式的数据发布
    try:
        self.image_pub.publish(
            self.bridge.cv2_to_imgmsg(self.
cv_ image, "bgr8"))
    except CvBridgeError as e:
        print (e)
```

在 detect_object 函数中，主要使用了 OpenCV 库中的 API 进行图像处理。处理过程分为以下四个步骤。

① 阈值处理。首先创建了一个 HSV 阈值列表，并使用宏定义来设定 HSV 阈值的上限和下限。然后遍历这个 HSV 阈值列表，为每一个阈值对（即上限和下限）创建对应的数组。

② 图像预处理。在进行正式的 OpenCV 处理之前，先对图像进行高斯滤波，以平滑图像的像素。接着，将图像从 RGB 颜色空间转换为 HSV 颜色空间，因为此时的图像仍然是 RGB 编码格式的彩色图像。

③ 图像处理与识别。接下来，对 HSV 图像进行处理。根据之前设定的 HSV 阈值，尽量去除红色以外的背景，只保留红色区域。然后，将当前的彩色图像数据转换为灰度图像。经过这一系列变换后，原本的红色区域在灰度图像中变成了白色，而其他区域则为黑色。接着使用 OpenCV 中的 findContours 函数来检测图像中的所有轮廓。由于图像中可能包含多个轮廓，其中一些可能是误检，因此需要遍历所有检测到的轮廓，并删除那些不符合识别标准的轮廓。删除标准：如果轮廓所围成的像素面积小于 150 个像素点，则视为误检并删除；只有当轮廓面积在 500 ~ 22500 个像素点之间时，才被视为识别目标。

④ 发布目标识别的结果。最后，通过计算轮廓的特征来确定目标物体的中心点像素坐标值。在图像上描绘出轮廓和中心点，并将识别结果渲染成图片进行展示，轮廓识别结果如图 9-17 所示。同时，将识别结果的目标位置信息通过话题发布出去，以便后续通过订阅该话题来实现对机器人的位置控制。

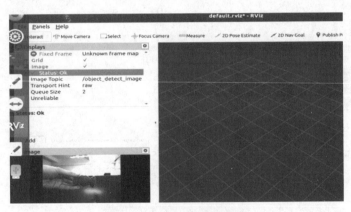

图9-17 彩色物料轮廓识别效果

9.2.4 启动文件

前文中的相机启动文件、机械臂启动文件与本案例密切相关，在此基础上添加实现追踪功能的启动文件，即可完成功能实现。

启动第一个节点 Rviz，它是一个可视化工具，用于显示机器人的各种传感器数据。启动第二个节点 object_detect，它是一个 Python 脚本，用于检测图像中的对象。启动第三个节点 follow_object，它也是一个 Python 脚本，用于跟随检测到的对象，位于 xrobot_cv 包中。

9.2.5　代码解析

实现功能的重要代码包含 object_detect.py 和 follow.py，前者用于物体检测，后者用于物体跟踪。

object_detect.py 文件程序中首先定义了一个名为 ImageConverter 的类，该类包含了一些方法，用于处理图像数据、检测物体并发布检测结果。

① init 方法。初始化 ImageConverter 类的实例，包括创建图像缓存相关的变量、cv_bridge 及声明图像的发布者和订阅者等。

② callback 方法。作为订阅者的回调函数，当接收到图像数据时，将 ROS 的图像数据转换成 OpenCV 的图像格式，并将标志设置为 True，表示收到图像。

③ detect_object 方法。根据预设的 HSV 阈值列表，对图像进行颜色过滤，提取目标物体的轮廓，计算物体的位置和大小，并将结果通过话题发布。

④ loop 方法。如果收到图像数据，调用 detect_object 方法进行物体检测，并将标志设置为 False。

⑤ callback1 方法。作为动态参数服务器的回调函数，用于更新 HSV 阈值。

在 9.2.3 小节主函数中，首先初始化 ROS 节点，然后创建一个 ImageConverter 类的实例。在一个循环中，不断调用 loop 方法进行物体检测，直到程序被关闭。代码如下。

```python
#!/usr/bin/env python
# -*- coding: utf-8 -*-
#
# Copyright (c) 2021 PS-Micro, Co. Ltd.
#
# SPDX-License-Identifier: Apache-2.0
#

import time

import rospy
import cv2
from cv_bridge import CvBridge, CvBridgeError
from sensor_msgs.msg import Image
import numpy as np
from math import *
from geometry_msgs.msg import Pose
from dynamic_reconfigure.server import Server
from xrobot_cv.cfg import Params_colorConfig


class ImageConverter:
    def __init__(self):
        # 创建图像缓存相关的变量
        self.cv_image = None
        self.get_image = False
        self.srv=Server(Params_colorConfig,self.callback1)

        self.HUE_LOW =35
        self.SATURATION_LOW=43
        self.VALUE_LOW =255
        self.HUE_HIGH =77
        self.SATURATION_HIGH =255
        self.VALUE_LOW =46
        ......
```

follow.py文件程序中，follow_object订阅了一个名为object_detect_pose的话题，该话题的消息类型为Pose。当接收到Pose消息时，会调用poseCallback函数进行处理。在poseCallback函数中，首先获取Pose消息中的x、y、z坐标。然后根据z坐标的值来控制机器人的线速度。如果z坐标在14500到15500之间，则线速度保持不变。如果z坐标小于14500，则线速度逐渐增加。如果z坐标大于15500，则线速度逐渐减小。最后，将线速度发布到名为cmd_vel的话题上。接下来，根据x坐标的值来控制机器人的角速度。如果x坐标在310到330之间，则角速度保持不变。如果x坐标小于310，则角速度逐渐增加。如果x坐标大于330，则角速度逐渐减小。最后，将角速度发布到名为cmd_vel的话题上。

在主函数中，首先初始化一个名为follow_object的ROS节点，然后创建一个follow_object类的实例，并调用rospy.spin()函数使程序持续运行。如果在运行过程中按下键盘的Ctrl+C组合键，程序会捕获到KeyboardInterrupt异常，打印出Shutting down follow_object node.并关闭所有OpenCV窗口。代码如下。

```python
#!/usr/bin/env python
# -*- coding: utf-8 -*-

import rospy
import cv2
from cv_bridge import CvBridge, CvBridgeError
from sensor_msgs.msg import Image
import numpy as np
from math import *
from geometry_msgs.msg import Twist
from geometry_msgs.msg import Pose


objPose = Pose()
objPose.position.x = 0
objPose.position.y = 0
objPose.position.z = 0

#vel = Twist()
#vel.linear.x = 0.0
#vel.linear.y = 0.0
#vel.linear.z = 0.0
#vel.angular.x = 0.0
#vel.angular.y = 0.0
#vel.angular.z = 0.0


class follow_object:
    def _init_(self):
        #订阅位姿信息

        self.Pose_sub = rospy.Subscriber("object_detect_pose", Pose, self.poseCallback)
        #发布速度指令
        self.vel_pub = rospy.Publisher('cmd_vel', Twist, queue_size=5)


    def poseCallback(self,Pose):

        X = Pose.position.x;
        Y = Pose.position.y;
        Z = Pose.position.z;

        .......
```

9.2.6 功能运行

完成代码后，要验证它是否能实现预期的物体识别与跟踪功能。将所需的运行命令都整合到一个Launch文件中，即detect_follow.launch，其代码内容如下。

```
<launch>
<node pkg="rviz" type="rviz" name="rviz" required="true" args="-d $(find xrobot_cv)/rviz/color.rviz" />
<node name="object_detect" pkg="xrobot_cv" type="object_detect.py"/>
<node name="follow_object" pkg="xrobot_cv" type="follow.py"/>
</launch>
```

首行命令负责启动机器人的底盘系统，第二行命令则启动机器人的摄像头，而第三行命令则负责启动机器人的跟踪控制节点。

登录到移动机器人系统后，只需开启一个终端，然后运行follow.launch文件，代码如下。

```
roslaunch xrobot_cv detect_follow.launch
```

运行至此，我们已经通过颜色识别技术成功实现了机器人对物体的识别与跟踪功能，运行效果如图9-18所示。此外，这种方法还可以应用于机器人的视觉巡线等其他场景。

9.3 本章小结

本章深入探讨了机器视觉处理的基本原理和流程，并以机械臂视觉分拣和移动机器人识别跟踪等实际应用案例，讲解特征提取、识别跟踪等算法原理与系统设计，从而使读者对移动机器人的视觉应用产生更为清晰的认知，为未来的实际项目开发奠定基础。

图9-18　程序运行结果图

 知识测评

一、选择题

1. 在ROS中，（　　　）功能包用于驱动USB摄像头。

A. usb_cam　　　　B. rgbd_camera　C. stereo_camera　　　　D. depth_camera

2. 基于机器视觉的机械臂智能抓取系统中，视觉系统通常安装在（　　　）。

A. 计算机旁　　　B. 机械臂末端　C. 固定工作台上　　　　D. 机械臂侧面

3. 在ROS中，（　　　）工具可以用来显示图像数据。

A. image_view　B. image_display　　　　C. rqt_image_view　　　D. Rviz

4. 以下（　　　）话题是usb_cam功能包中的核心节点。

A. /camera/image_raw　　　B. /image_data　C. /usb_cam/image_raw　D. /camera/image

5. 基于机器视觉的机械臂智能抓取系统主要由（　　　　）部分组成。

A. 计算机和机械臂系统

B. 机械臂系统和视觉系统

C. 计算机、机械臂系统、视觉系统和末端执行器

D. 计算机和末端执行器

二、判断题

1. ROS 中的 usb_cam 功能包输出的是三维图像数据。　　　　　　　　（　　　）

2. 眼在手上（Eye-in-Hand）的安装方式可以增加视觉识别的范围。　（　　　）

3. 在 ROS 中，无法实现基于 OpenCV 的人脸识别和物体跟踪。　　　（　　　）

4. 二维码识别不是机器视觉应用的一部分。　　　　　　　　　　　　（　　　）

5. 摄像头标定对于机器视觉系统来说是非常重要的。　　　　　　　　（　　　）

三、填空题

1. 机械臂视觉分拣原理主要依赖于_____和_____两个系统的协调配合使得功能实现。

2. 在 usb_cam 功能包中，核心节点发布的话题是_____。

3. 常见的颜色识别算法包含_____、_____、_____等。

4. 在使用 ROS 进行人脸识别时，通常会使用到_____，该算法能够在图像中检测和识别人脸特征。

5. ROS 机器人机械臂进行视觉分拣时，_____功能是实现精确抓取的关键。

第10章

移动机器人SLAM地图构建

在机器人科技发展过程中，有的人或许对其移动路线有所困惑：为何送餐机器人能够精确地将顾客的饭菜送达？扫地机器人是如何清扫家中的每一个角落的？自动驾驶汽车又是如何清楚明了地感知周围环境从而安全行驶呢？这些看似神奇的功能背后，都得益于一项革命性的技术——SLAM（simultaneous localization and mapping，即时定位与地图构建）。

在SLAM建图中，里程计、传感器、深度相机等各司其职，既存在顺序衔接，又存在交叉模块间的算法优化，共同构成机器人导航系统，SLAM建图使得机器人在陌生环境中精准定位自身位置。本章将围绕SLAM建图原理与几种常用算法展开叙述，深入了解SLAM建图的实现原理与步骤，并应用于不同工作场景。

 学习目标

（1）知识目标

① 掌握SLAM的概念及其在移动机器人导航与定位中的重要作用。

② 熟悉基于图优化的SLAM方法，包括关键帧的选择、回环检测、地图优化等。了解并掌握常用的SLAM库，如Cartographer等。

（2）能力目标

① 能够独立或通过团队合作设计并实现基于SLAM的地图构建系统，包括数据采集、地图生成、优化与可视化等模块。

② 能够针对SLAM系统中的定位精度、地图质量等问题进行优化，如调整算法参数、引入新的传感器数据等。

（3）素养目标

① 了解里程计、传感器等元器件在地图构建中的作用，认识基础器件研究与发展的重要性。

② 观察数据变化对地图构建的影响，提升对数据的敏感度和严谨性，不断提升工程素养。

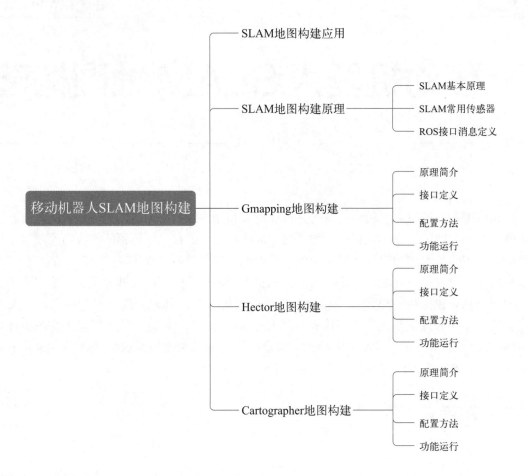

知识讲解

10.1 SLAM 地图构建应用

图 10-1 展示了无人机 SLAM 地图构建的过程。图 10-1（a）是楼房规划平面图，无人机利用机载摄像头获取隔间信息，同时，三维相机和激光雷达同步记录环境数据，形成图 10-1（b）所展示的三维地图。随着无人机的探索，地图数据逐渐完善，最终呈现出清晰的楼房规划平面图。

想象一下，有一个人类难以接近的神秘空间，此时，只需派遣这架无人机，通过远程操控，便可迅速绘制出该空间的全貌地图。这种技术不仅适用于房屋内部探索，还可应用于自然灾害后的现场勘察、森林防护的远程巡检，以及军事领域等广泛场景中。

无人驾驶汽车则是一个更为复杂的系统。面对道路上复杂的物体和人类活动，汽车需

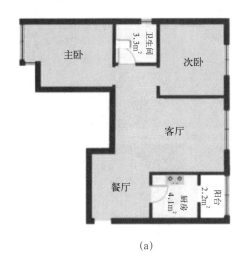

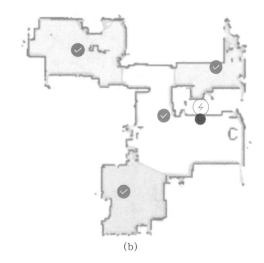

(a)　　　　　　　　　　　　　　　　(b)

图10-1　无人机SLAM地图构建

要借助多种传感器来综合感知环境信息，实
时构建环境地图。在这个过程中，汽车需要
识别行人、建筑物、其他车辆等多种元素，
从而为上层决策系统提供运动指导。图10-2
所展示的就是一张由无人驾驶汽车通过SLAM
技术构建的三维环境地图，大量的数据点构
成了这幅细致入微的地图，为车辆的自主驾
驶提供重要依据。

图10-2　无人驾驶汽车SLAM地图构建

10.2　SLAM地图构建原理

　　SLAM技术旨在让机器人在未知环境中，通过自身的传感器进行实时定位并同时构建
环境地图。这种技术允许机器人在运动过程中，通过重复观测到的环境特征来定位自身位
置，并根据自身位置增量式地构建地图，从而达到同时定位和地图构建的目的。

10.2.1　SLAM基本原理

　　SLAM是机器人在未知环境中自我定位与感知周围环境的核心技术。在这个过程中，
机器人需要依赖其内置的传感器来逐步建立对环境的认知，并同时确定自身在环境中的实
时位置。

　　SLAM技术的核心在于两个并行的过程：即时定位和地图构建。这意味着机器人需要
在完全未知的环境中，一边通过传感器数据确定自己的精确位置，一边构建周围环境的地
图。最终，这些数据将汇聚成一张详尽的地图，如图10-3所示。

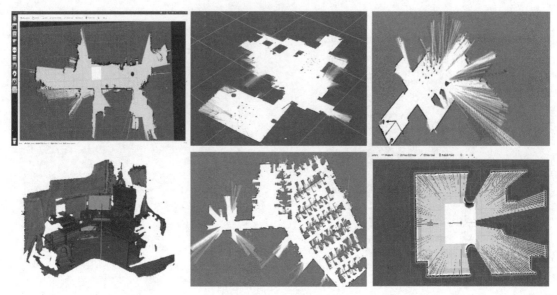

图10-3　SLAM地图构建

　　为了更好地理解SLAM，可以将其看作一个黑盒。这个黑盒的输入是机器人的各种传感器信息，包括用于感知外部环境的外部传感器和用于感知自身状态的内部传感器。而输出则是机器人的定位结果和周围环境地图。

　　定位结果通常包括机器人的 X、Y、Z 坐标和姿态角度，对于室外环境，还可能包括GPS信息。而环境地图则是对环境的详细描述，它可以是栅格地图、点云地图、稀疏点地图或拓扑地图等，具体形式取决于应用场景和使用的SLAM算法。

　　在位置估计中，常见的传感器包括编码器（encoder）和惯性测量单元（IMU）。编码器用于测量车轮的旋转量，并通过航位推算（dead reckoning）来推算机器人的大致位置。然而，这种方法会产生一定的误差。为了补偿这些误差，可以使用惯性传感器来测量惯性信息。根据需要，也可以仅使用惯性传感器来估算位置，而无需编码器。

　　该位置估计可以通过利用距离传感器或相机获得的周围环境信息进行校正。这些传感器可以提供关于周围环境的详细信息，从而帮助更准确地估计位置。常用的位置估计方法包括卡尔曼滤波（Kalman filter）、马尔可夫定位（Markov localization）以及利用粒子滤波（particle filter）的蒙特卡洛定位（Monte Carlo localization）等。

　　除了距离传感器，相机也被广泛应用于测绘。例如，立体相机可以作为距离传感器使用，通过分析图像中的视差来计算距离。此外，普通相机也可用于视觉SLAM，通过分析连续的图像序列来估计位置和构建地图。因此，位置估计可以利用编码器、惯性测量单元、距离传感器和相机等多种传感器来实现，不同的传感器和技术可以相互补充，提高位置估计的准确性。

　　值得注意的是，SLAM并非指某一种特定的算法，而是一种技术。实现这种技术的算法多种多样，每种算法都有其独特的优点和适用场景。如今，SLAM已经成为移动机器人的核心组成部分，对于实现机器人的自主导航和智能化至关重要。

　　如图10-4所示，SLAM地图构建的过程可以类比于一个人在一个未知房间中的探索过程。通过不断感知和触碰周围的墙壁，人能够逐渐了解房间的结构，并最终形成一个关于房间的大致地图和自己在其中的位置。

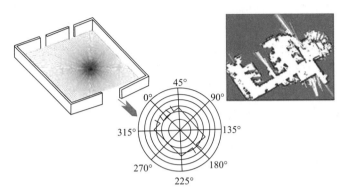

图10-4　SLAM地图构建示意图

为了深入了解SLAM的基本原理，需要探究其典型的算法结构。在SLAM的算法结构中，通常有前端和后端两个部分，其典型结构如图 10-5 所示。前端负责处理输入的原始传感器数据，提取特征并进行匹配，从而估计帧间的运动和局部路标的位置。而后端则负责在前端的基础上进行全局的定位和地图的闭环优化。位姿传感器和环境感知器收集而来的数据可以作为系统的输入端，其算法流程如图 10-6 所示。

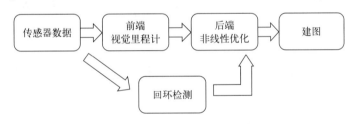

图10-5　SLAM算法的典型结构

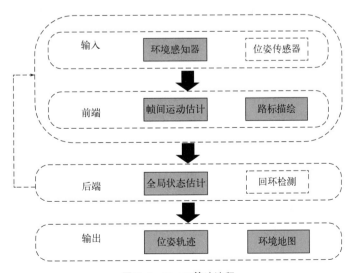

图10-6　SLAM算法流程

　　具体来说，前端通过处理环境感知器和位姿传感器获得的数据，提取环境中的特征点并进行匹配，从而估计出机器人在短时间内的位姿轨迹。而后端则利用前端提供的信息，结合回环检测等技术，对机器人的位姿轨迹和环境地图进行全局优化和闭环校正。

　　后端算法是 SLAM 技术的核心所在，它负责实现全局状态估计。常用的后端算法包括滤波法和优化法。滤波法早期应用较多，但存在误差累积、线性化误差和样本过多等问题。而优化法则能够更好地利用历史数据，在提高精度的同时保持较高的计算效率，逐渐成为主流算法。

　　经过这一系列复杂的计算和优化过程，机器人最终能够构建出一张准确反映周围环境特征的地图，并实时确定自己在地图中的位置。这些信息将为机器人的后续决策和行动提供重要依据。

10.2.2　SLAM 常用传感器

　　当深入了解 SLAM 的输入端时，会发现环境感知器是机器人不可或缺的核心组件，常见类型如图 10-7 所示。这些传感器的主要功能是精确捕捉机器人与周围环境的距离信息。

图10-7　常见的环境感知器

　　在众多传感器中，激光雷达尤为引人注目。基于激光雷达的 SLAM，亦称为激光雷达 SLAM，其核心在于通过测量设备与环境边界的距离来形成一系列空间点。这些空间点不仅有助于推算机器人的位姿，还能构建出详细的环境地图。由于激光雷达的距离测量精准，误差模型相对简单，加之其空间点集能够直观反映环境信息，使得其成为了一种相对成熟的解决方案。目前，这一技术在扫地机器人、工业 AMR 等机器人中已得到广泛应用。

　　另一类不可忽视的传感器是视觉传感器。视觉传感器种类繁多，包括双目相机、RGBD 相机和单目相机等。这类传感器结构轻巧、成本相对较低，且能够捕获丰富的形状、颜色、纹理和语义等辅助信息。因此，视觉 SLAM 具有巨大的发展潜力，并已成为当前的研究热点，特别是在自动驾驶领域，视觉 SLAM 的应用前景十分广阔。

　　尽管各类传感器各有千秋，但它们也各自存在局限性。例如，激光雷达虽然精度高、速度快、计算量小，但价格相对较高，且容易受到自然光的影响；双目相机虽然能够通过两个"眼睛"观察世界来估算环境深度，但其标定过程复杂，计算量庞大；RGBD 相机虽然比双目相机更容易获取深度信息，但其测量范围有限，精度也有待提高；单目相机虽然结构简单，但无法仅依靠单一图像估算深度，只能在运动状态下通过多帧图像进行估算，算法相对复杂。此外，视觉类传感器普遍容易受到环境因素的影响，如反光和黑暗等。

除了上述传感器外，还有毫米波雷达、超声波雷达等传感器也可以用于感知环境信息。尽管它们的精度和测量范围与 SLAM 传感器有所不同，但它们通常用于辅助计算。每种传感器都有其独特的优点和适用场景，因此在许多情况下，需要同时利用多种传感器来进行地图构建。

10.2.3　ROS 接口消息定义

在 ROS 中，对于各种传感器，包括激光雷达，都有标准的消息定义。这些定义确保了不同设备之间的兼容性和数据的一致性。以激光雷达为例，图 10-8 展示了 ROS 中对于激光雷达数据的标准消息定义，主要聚焦于单线雷达捕获的二维空间点数据。

```
std_msgs/Header header
    uint32 seq
    time stamp
    string frame_id
float32 angle_min
float32 angle_max
float32 angle_increment
float32 time_increment
float32 scan_time
float32 range_min
float32 range_max
float32[] ranges
float32[] intensities
```

图10-8　sensor_msgs_LaserScan消息定义

消息首先有一个通用的 header 部分，这在 ROS 消息定义中很常见。它包含三个核心子成员：首先是 seq，代表消息的序号，由 ROS 发布者自动按顺序生成，对于订阅者而言，如果发现序号有跳跃，则意味着有数据丢失；接着是 stamp，即时间戳，标明了发布者发送当前数据的确切时间；最后是 frame_id，它指示了数据的参考坐标系，例如在雷达获取的深度信息中，这个参考坐标系就是雷达自身的坐标系统。

之后是雷达相关的核心数据。其中，angle_min 和 angle_max 定义了雷达检测范围的最小和最大角度，例如某些激光雷达可以检测 360° 范围内的信息，这里使用弧度作为单位。angle_increment 表示每两个数据点之间的角度间隔，例如如果雷达一圈检测 360 个点，这里就是 1° 对应的弧度值。类似地，time_increment 描述了相邻数据点之间的时间间隔，而 scan_time 则代表了完成一次完整数据扫描所需的总时间，这与激光雷达的扫描频率紧密相关。此外，range_min 和 range_max 界定了雷达可检测深度的范围。

这些参数构成了雷达的基本配置，在运行过程中通常保持不变。真正的深度信息则存储在一个数组中，例如如果雷达一圈扫描 360 个点，那么这 360 个点的深度信息都会被保存在这个数组中，供后续使用。

ROS中对于这类传感器的标准定义不胜枚举，这也是ROS确保软件复用性的关键所在。无论使用的是哪家公司生产的激光雷达，最终提供的都是统一的数据结构，这极大地简化了上层算法的开发，使其无需考虑底层设备的差异。

除了激光雷达数据外，ROS还为SLAM输出的机器人姿态提供了标准定义，如图10-9所示。这被称为Odometry（里程计）消息。

```
horizon@horizon:~$ rosmsg show nav_msgs/Odometry
std_msgs/Header header
  uint32 seq
  time stamp
  string frame_id
string child_frame_id
geometry_msgs/PoseWithCovariance pose
  geometry_msgs/Pose pose
    geometry_msgs/Point position
      float64 x
      float64 y
      float64 z
    geometry_msgs/Quaternion orientation
      float64 x
      float64 y
      float64 z
      float64 w
  float64[36] covariance
geometry_msgs/TwistWithCovariance twist
  geometry_msgs/Twist twist
    geometry_msgs/Vector3 linear
      float64 x
      float64 y
      float64 z
    geometry_msgs/Vector3 angular
      float64 x
      float64 y
      float64 z
  float64[36] covariance
```

图10-9　nav_msgs/Odometry消息定义

在深入了解里程计消息之前，需要了解ROS中关于位姿数据的一些基本规则。首先，关于距离的单位默认是米（m），时间的单位默认是秒（s），速度的单位默认是米/秒（m/s），而旋转的单位则是弧度（rad）。

其次，ROS默认使用右手坐标系。伸出右手，食指指向的方向被定义为X轴的正方向，中指指向的方向为Y轴的正方向，而大拇指指向的方向则为Z轴的正方向。机器人在X轴正方向上移动时，相当于给出了一个正速度，在Y轴负方向上移动时，则相当于给出了一个负速度。对于旋转，一般遵循右手定则，弯曲四指，大拇指指向旋转轴的正方向，而四指弯曲的方向即为旋转的正方向，坐标系如图10-10所示。例如，机器人在地面上向左转时，角速度为正值，向右转时则为负值。

回到里程计消息，它主要包含两个部分：一是机器人在参考系中的当前姿态，包括X、Y、Z三个方向上的平移量和旋转量；二是机器人的

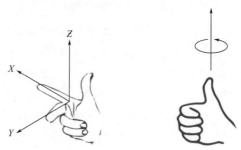

图10-10　坐标系方向（右手坐标系）

148

当前运动状态,即实时的线速度和角速度。此外,每个部分都包含一个协方差参数,这主要用于某些滤波算法。如果没有相关算法,这个参数也可以不设置。里程计消息就像是汽车的码表,实时记录着机器人的当前速度和累积位移。它是描述移动机器人移动属性的关键方法,同时也是 SLAM 中的一个重要功能单元。

10.3 Gmapping 地图构建

在常见的扫地机器人、送餐机器人等实际应用中,为了简化计算和提高效率,通常使用基于二维 SLAM 算法所构建的地图及其在该地图上的定位。尽管这样做会损失部分三维空间中的信息,但它却显著简化了计算过程并提升了整体效率。接下来将深入探讨一种常用的二维 SLAM 地图构建方法——Gmapping 算法。

10.3.1 原理简介

Gmapping 是一种基于滤波 SLAM 框架的常用开源 SLAM 算法,它基于 RBPF 粒子滤波算法,将定位和建图过程分离,先进行定位再进行建图。Gmapping 在构建室内地图时具有实时性,在构建小场景地图时所需的计算量较小且精度较高。这得益于其有效利用了车轮里程计信息,使得 Gmapping 对激光雷达频率的要求相对较低,因为里程计可以提供机器人的位姿先验。

在移动机器人从开机到 t 时刻的过程中,Gmapping 会利用一系列传感器测量数据(如激光雷达数据)以及一系列控制数据(如机器人的运动信息),同时对地图和机器人轨迹状态进行估计。这是一个条件联合概率分布问题,通过粒子滤波器这种基于蒙特卡洛方法的概率滤波器来估计随时间变化的状态量。粒子滤波器通过在状态空间中随机采样一组粒子来表示当前状态。此外,Gmapping 采用栅格地图(grid map)来表示室内环境,利用激光雷达数据以及机器人运动信息,实现机器人位置估计和环境地图构建。

图 10-11 展示了 Gmapping 的接口说明。要使用 Gmapping 进行 SLAM 建图,机器人驱动必须发布以下三种类型的话题数据:

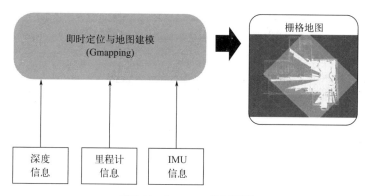

图10-11 Gmapping接口说明

① 深度信息。这通常通过雷达传感器获得，也可以使用三维相机并将数据转换为 LaserScan 消息结构。

② 里程计信息。通常通过在机器人底盘上安装编码器来获取，通过速度积分可以得到位置信息。如果底盘无法安装编码器，也可以考虑使用其他能够提供里程计数据的传感器。

③ IMU 信息（可选）。即惯性测量单元获取的加速度信息。虽然加速度信息是可选的，但提供这些信息可以提高定位精度。如果没有 IMU 信息，Gmapping 仍然可以正常工作。

只要 ROS 中能够提供上述三种类型中的至少两种话题消息，Gmapping 就可以开始工作。它的输出是一个二维栅格地图，以及机器人在地图中的定位信息。总的来说，Gmapping 原理结合了粒子滤波、里程计信息和栅格地图表示，实现了高效且精确的室内地图构建，为移动机器人的定位和导航提供了有效的解决方案。

10.3.2 接口定义

Gmapping 算法的具体接口名称和类型，可以参考表 10-1 或查阅 ROS 官方资料中的详细描述。

表 10-1 Gmapping 算法的具体接口名称和类型

类别	名称	类型	描述
Topic 订阅	tf	tf/tfMessage	用于激光雷达坐标系、基坐标系、里程坐标系之间的变换
	scan	sensor_msgs/LaserScan	激光雷达扫描数据
Topic 发布	map_metadata	nav_msgs/MapMetaData	发布地图 Meta 数据
	map	nav_msgs/OccupancyGrid	发布地图栅格数据
	~entropy	std_msgs/Float64	发布机器人位姿分布熵的估计
Service	dynamic_map	nav_msgs/GetMap	获取地图数据

Gmapping 功能包中 TF 变换如表 10-2 所示。

表 10-2 Gmapping 功能包中 TF 变换

类别	TF 变换	描述
必需的 TF 变换	\<scan frame\>→base_link	激光雷达坐标系与基坐标系之间的变换，一般由 robot_state_publisher 或者 static_transform_publish 发布
	base_link→odom	基坐标系与里程坐标系之间的变换，一般由里程计节点发布
发布的 TF 变换	map→odom	地图坐标系与机器人里程计坐标系之间的变换，估计机器人在地图中的位姿

在话题方面，Gmapping 主要订阅两个关键话题：tf 和 scan。tf 话题描述了雷达传感器

与机器人底盘之间的位置关系，这对于确保传感器数据的准确对齐至关重要。而 scan 话题则提供了 SLAM 所需的雷达扫描数据。

除了订阅话题，Gmapping 还会发布多个话题，包括地图的元数据、栅格数据以及机器人姿态的分布估计值。其中，栅格地图信息是后续操作中主要关注的内容。由于这些话题会持续发布数据，如果在获取地图数据时不想通过持续订阅来接收，可以利用 Gmapping 提供的服务。即客户端发送一个请求，Gmapping 功能包就会响应并返回地图数据，这种机制有效地减少了通信开销。

前文中提到 Gmapping 需要的机器人里程计信息。这些信息并不是通过话题传输的，而是通过 TF 树进行实时维护。在进行 SLAM 之前，需要在机器人底层中维护两种坐标系转换关系。一种是激光雷达与机器人底盘之间的位置关系，这通常是静态的，并在机器人模型中有所描述。另一种是机器人底盘（base_link 坐标系）与里程计坐标系（odom）之间的关系，这是动态的。可以将机器人上电瞬间的位置视为 odom 里程计坐标系的原点。当机器人移动时，base_link 与 odom 两个坐标系之间的实时位姿变化可以反映机器人的里程计定位信息。Gmapping 正是通过这些信息来获取里程计数据的。

在 Gmapping 定位过程中，还会建立一个新的地图坐标系（map）。base_link 与 map 之间的关系代表了 Gmapping SLAM 算法对机器人的全局定位结果。然而，需要注意的是，ROS 不允许一个坐标系有多个父坐标系，因此 base_link 不能同时与 map 和 odom 直接关联。为了解决这个问题，Gmapping 会发布 map 与 odom 之间的坐标变换。通过 TF 树中的计算，可以很容易地推算出 base_link 与 map 之间的关系。

学到这里，大家可能对坐标系的概念有些混淆。确实，坐标系在机器人学中是非常基础且重要的内容。在这里，出现了 base_link、odom 和 map 三个坐标系。为了更好地理解，我们简单地梳理一下：base_link 始终固定在机器人中心，可以看作是机器人的参考点；odom 是里程计坐标系，是里程计积分定位过程中的参考系；map 是地图坐标系，表示全局定位过程中的参考系。odom 和 map 都是定位的参考系，只是定位的方法不同而已。例如，一个扫地机器人在运行过程中，如果被人为地搬到另一个房间，在 odom 里程计坐标系下，由于轮子没有旋转，所以位置并没有变化。但是，在 map 地图坐标系下，雷达会发现环境已经改变，从而机器人的位置也会有所变化。这种 odom 与 map 之间的偏差，可以看作是里程计的漂移，甚至是由人为干预造成的位置偏移。这一原理在其他 SLAM 算法中的坐标系也同样适用。

10.3.3　配置方法

在开始实操之前，了解 Gmapping 的配置方法是至关重要的。准备启动 ROS 节点时，编写一个适当的 launch 文件来配置节点的启动是必不可少的。图 10-12 是一个针对 ROS 移动机器人中 Gmapping 节点的启动文件示例，下面逐一解析其内容。

这个 launch 文件包含一个 node 标签，启动 gmapping 节点后，该 node 标签中，导入了 gmapping 的参数配置文件，详细参数如表 10-3 所示。

```
1  <launch>
2    <!-- Arguments -->
3    <arg name="model" default="$(env XROBOT_MODEL)"/>
4    <arg name="configuration_basename" default="xrobot_lds_2d.lua"/>
5    <arg name="set_base_frame" default="base_footprint"/>
6    <arg name="set_odom_frame" default="odom"/>
7    <arg name="set_map_frame"  default="map"/>
8
9    <!-- Gmapping -->
10   <node pkg="gmapping" type="slam_gmapping" name="slam_gmapping" output="screen">
11     <param name="base_frame" value="$(arg set_base_frame)"/>
12     <param name="odom_frame" value="$(arg set_odom_frame)"/>
13     <param name="map_frame"  value="$(arg set_map_frame)"/>
14     <rosparam command="load" file="$(find xrobot_slam)/config/gmapping_params.yaml" />
15   </node>
16 </launch>
```

图10-12　启动文件示例

表 10-3　Gmapping 功能包中的参数

参数	类型	默认值	描述
map_update_interval	float	0.01	地图更新频率，该值越低，计算负载越大
maxUrange	float	4.0	激光可探测的最大范围
maxRange	float	4.0	传感器最大范围
sigma	float	0.05	断点匹配的标准差
kernelSize	int	3	在对应的内核中进行查找
lstep	float	0.05	平移过程中的优化步长
astep	float	0.05	旋转过程中的优化步长
iterations	int	5	扫描匹配的迭代次数
lsigma	float	0.075	似然计算的激光标准差
ogain	float	3.0	似然计算时用于平滑重采样效果
lskip	int	0	每次扫描跳过的光束数
minimumScore	float	30	扫描匹配结果的最低值。当使用有限范围的激光扫描仪时，可以避免在大开放的空间中跳跃姿势估计
srr	float	0.01	平移函数（rho/rho），平移时的里程误差
srt	float	0.02	旋转函数（rho/theta），平移时的里程误差
str	float	0.01	平移函数（theta/rho），旋转时的里程误差
stt	float	0.02	旋转函数（theta/theta），旋转时的里程误差
linearUpdate	float	0.05	机器人每平移该距离后处理一次激光扫描数据
angularUpdate	float	0.05	机器人每旋转该弧度后处理一次激光扫描数据
temporalUpdate	float	−1.0	如果最新扫描处理比更新慢，则处理 1 次扫描，该值为负数时关闭基于时间的更新
resampleThreshold	float	0.5	基于 Neff 的重采样阈值
particles	int	8	滤波器中粒子数目
xmin	float	−1.0	地图 X 向初始最小尺寸
ymin	float	−1.0	地图 Y 向初始最小尺寸
xmax	float	1.0	地图 X 向初始最大尺寸

续表

参数	类型	默认值	描述
ymax	float	1.0	地图 Y 向初始最大尺寸
delta	float	0.01	地图分辨率
llsamplerange	float	0.01	似然计算的平移采样距离
llsamplestep	float	0.01	似然计算的平移采样步长
lasamplerange	float	0.005	似然计算的角度采样距离
lasamplestep	float	0.005	似然计算的角度采样步长

10.3.4　功能运行

现在，开始执行 SLAM 地图构建。启动三个终端，输入下述指令，分别执行。

```
roslaunch xrobot_driver xrobot_bringup.launch

roslaunch xrobot_slam xrobot_slam.launch

roslaunch xrobot_teleop keyboard.launch
```

第一条指令启动机器人底盘，第二条指令启动之前配置的 Gmapping 地图构建节点，而第三条指令则启动键盘控制节点。当所有这些都成功启动后，用户将看到 Rviz 上位机界面正在实时构建地图，如图 10-13 所示。在画面中，机器人位于中央，而周围的白色和黑色区域则是正在构建的地图。

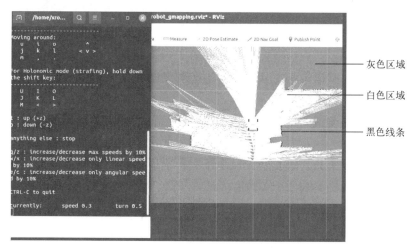

图10-13　Gmapping地图构建

要完成对整个环境的地图构建，用户可以通过键盘控制节点遥控机器人在房间内移动。在移动过程中，可以观察到 Rviz 中机器人周围的环境逐渐变得完整，而机器人的位置也会随着 SLAM 算法的定位调整而发生变化。

在构建地图的过程中，黑色线条代表障碍物的位置，白色区域表示无障碍物的空间，而灰色区域则是机器人尚未探索过、不确定是否有障碍物的区域。栅格地图通过将这些空间细分为一系列正方形格子来实现地图的数字化。用户可以放大地图来观察：格子的边长反映了建图的分辨率，而格子的数值则表示该处是否有障碍物。现在，可以继续控制机器人完成整个环境的地图构建。

地图构建完成后，不要急于关闭界面，否则之前的努力将付诸东流。接下来，需要使用特定的命令来保存构建好的地图。

命令 -f 后面是地图的文件名。运行成功后，当前构建的地图将被保存下来。保存的文件包括两个：地图文件和配置文件。配置文件中包含了地图的路径、分辨率、阈值等配置信息，而地图文件则是一张图片，可以双击打开进行查看。

理论来说，打开的地图应该与SLAM结束时的效果一致，如图10-14所示。可以与实际环境进行对比，以确保地图的准确性。未来，机器人在进行导航时，将加载这个地图作为指导信息。

以上就是使用Gmapping进行地图构建的完整流程。前文提到，Gmapping适合小场景下的SLAM建图，并且需要机器人提供里程计信息。那么，在大场景下或者机器人没有里程计时，是否还有适用的SLAM算法呢？答案是肯定的，例如Cartographer算法就是其中的一种选择。关于Cartographer算法，我们将在10.5节详细介绍。

图10-14　SLAM建图结果

10.4　Hector地图构建

Hector地图构建主要指的是使用Hector算法进行二维激光SLAM的过程。Hector是一个开源项目，它创新地使用了scan-to-map的匹配方式来进行地图构建。在这个过程中，Hector算法首先处理激光雷达扫描得到的数据（scan），然后利用这些数据与已有的地图进行匹配，从而估计出机器人的当前位置和姿态。

10.4.1　原理简介

Hector的原理主要是基于一种优化的算法（解最小二乘问题），实现机器人的建图与自主导航。它采用了激光点与已有的地图进行"对齐"即扫描匹配的方法，来完成对机器人当前位置的估计和地图的构建。

具体来说，Hector算法首先通过激光雷达获取环境数据，并将这些数据与已有的地图进行匹配。这种匹配是通过构建误差函数，并使用高斯牛顿法来找到最优解和偏差量，从而实现激光点到栅格地图的转换。在这个过程中，Hector 不需要依赖里程计数据，而是直接利用激光雷达的扫描数据来进行定位和建图。Hector 地图构建的输出是一个栅格地图（map），这是一种将环境划分为一系列单元格（或栅格）的地图表示方法。每个单元格可以表示该区域被占据（例如障碍物）或自由空间。通过这种方式，Hector 能够构建出机器人周围环境的二维表示。

在 ROS 中使用 Hector 进行地图构建时，通常涉及以下步骤：

① 配置和启动机器人的底盘节点，确保机器人能够移动并接收激光雷达数据。

② 启动 Hector SLAM 节点，该节点将处理激光雷达数据并构建地图。

③ 使用 Rviz（ROS 可视化工具）来查看和调整地图构建过程。

④ 通过键盘控制或其他方式移动机器人，以便收集更多的环境数据并完善地图。

完成地图构建后，可以通过 ROS 的话题和服务来获取和使用地图数据。例如，可以订阅 map 话题来获取地图栅格数据，或者调用服务来重置地图或获取动态地图数据。Hector 的算法架构如图 10-15 所示。

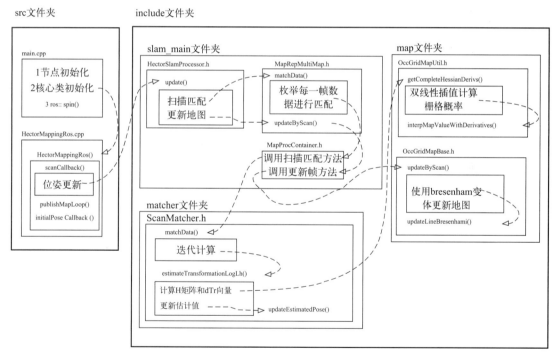

图10-15 Hector算法架构

此外，Hector 算法对雷达帧率的要求较高，因为初值的选择对结果影响很大。较高的帧率可以提供更多的数据点，从而提高匹配的精度和稳定性。同时，Hector 算法使用多分辨率的地图，以避免求解陷入局部极值，提高算法的鲁棒性和性能。

总之，Hector 地图构建是一种利用激光雷达数据进行二维环境地图构建的方法，它在机器人导航、自主定位等领域具有广泛的应用。

10.4.2　接口定义

　　Hector算法的hector_slam功能包的核心节点是hector_mapping。通过订阅"/scan"主题以获取进行SLAM所需的激光雷达数据。与Gmapping节点相似，hector_mapping节点也会发布地图信息的主题，以提供构建完成的地图。然而，hector_mapping节点的不同之处在于，它还发布两个主题：slam_out_pose和poseupdate，这两个主题提供了当前机器人的位姿估计。

　　hector_slam功能包的具体接口名称见表10-4所示，参数设置见表10-5所示，坐标变换见表10-6所示。

表 10-4　hector_mapping 节点中的话题与服务

	名称	类型	描述
话题订阅	scan	sensor_msgs/LaserScan	激光雷达扫描的深度数据
	syscommand	std_msgs/String	系统命令。如果字符串等于"reset"，则地图和机器人姿态重置为初始状态
话题发布	map_metadata	nav_msgs/MapMetaData	发布地图 Meta 数据
	map	nav_msgs/OccupancyGrid	发布地图栅格数据
	slam_out_pose	geometry_msgs/PoseStamped	估计的机器人位姿
	poseupdate	geometry-msgs/PoseWithCovarianceStamped	估计的机器人位姿（具有高斯估计的不确定性）
服务	Dynamic_map	nav_msgs/GetMap	获取地图数据

表 10-5　hector_mapping 节点中可供配置的参数

参数	类型	默认值	描述
~base_frame	string	"bask_link"	机器人基坐标系，用于定位和激光扫描数据的变换
~map_frame	string	"map"	地图坐标系
~odom_frame	string	"odom"	里程计坐标系
~map_resolution	double	0.025（m）	地图分辨率，网格单元的边缘长度
~map_size	int	1024	地图的大小
~map_start_x	double	0.5	/map 的原点 [0.0，1.0] 在 x 轴上相对于网格图的位置
~map_start_y	double	0.5	/map 的原点 [0.0，1.0] 在 y 轴上相对于网格图的位置
~map_update_distance_thresh	double	0.4（m）	地图更新的阈值，在地图上从一次更新起算到直行距离达到该参数值后再次更新
~map_update_angle_thresh	double	0.9（rad）	地图更新的阈值，在地图上从一次更新起算到旋转达到该参数值后再次更新
~map_pub_period	double	2.0	地图发布周期
~map_multi_res_levels	int	3	地图多分辨率网格级数

续表

参数	类型	默认值	描述
~update_factor_free	double	0.4	用于更新空闲单元的地图，范围是 [0.0, 1.0]
~update_factor_occupied	double	0.9	用于更新被占用单元的地图，范围是 [0.0, 1.0]
~laser_min_dist	double	0.4（m）	激光扫描点的最小距离，小于此值的扫描点将被忽略
~laser_max_dist	double	30.0（m）	激光扫描点的最大距离，超出此值的扫描点将被忽略
~laser_z_min_value	double	−1.0（m）	相对于激光雷达的最小高度，低于此值的扫描点将被忽略
~laser_z_max_value	double	1.0（m）	相对于激光雷达的最大高度，高于此值的扫描点将被忽略
~pub_map_odom_transform	bool	true	是否发布 map 与 odom 之间的坐标变换
~output_timing	bool	false	通过 ROS INFO 处理每个激光扫描的输出时序信息
~scan_subscriber_queue_size	int	5	扫描订阅者的队列大小
~pub_map_scanmatch_transform	bool	true	是否发布 scanmatcher 与 map 之间的坐标变换
~tf_map_scanmatch_transform_frame_name	string	"scanmatcher_frame"	scanmatcher 的坐标系命名

表 10-6　hector_mapping 节点中的 TF 变换

	TF 变换	描述
必需的 TF 变换	<scan frame>→base_link	激光雷达坐标系与基坐标系之间的变换，一般由 robot_state_publisher 或者 static_transform_publisher 发布
发布的 TF 变换	map→odom	地图坐标系与机器人里程计坐标系之间的变换，用于估计机器人在地图中的位姿

hector_mapping 提供了一个灵活的 SLAM 解决方案，适用于各种没有精确里程计数据的应用场合，通过高效利用现代激光雷达系统的高更新率，能够实现快速且相对准确的姿态估计，使其在实际应用中非常有用。

10.4.3　配置方法

现在，使用移动机器人来测试 Hector 算法的实际效果。

```
<launch>
    <!-- Arguments -->
    <arg name="model" default="$(env XROBOT_MODEL)"/>
    <arg name="configuration_basename" default="xrobot_lds_2d
.lua"/>
```

```xml
    <arg name="odom_frame" default="odom"/>
    <arg name="base_frame" default="base_footprint"/>
    <arg name="scan_subscriber_queue_size" default="5"/>
    <arg name="scan_topic" default="scan"/>
    <arg name="map_size" default="2048"/>
    <arg name="pub_map_odom_transform" default="true"/>
    <arg name="tf_map_scanmatch_transform_frame_
 name" default="scanmatcher_frame"/>


    <!-- Hector mapping -->
    <node pkg="hector_mapping" type="hector_mapping" name="
 hector_ mapping" output="screen">
        <!-- Frame names -->
        <param name="map_frame"  value="map" />
        <param name="odom_frame" value="$(arg odom_frame)" />
        <param name="base_frame" value="$(arg base_frame)" />
        <!-- Tf use -->
        <param name="use_tf_scan_ transformation"  value=
 "true"/>
        <param name="use_tf_pose_start_estimate"  value
 ="false"/>
        <param name="pub_map_scanmatch_transform"
 value="true" />
        <param name="pub_map_odom_transform"
 value="$(arg pub_map_odom_transform)"/>
         <param name="tf_map_scanmatch_transform_frame_name"
 value="$(arg tf_map_scanmatch_transform_frame_name)" />


        <!-- Map size / start point -->
        <param name="map_resolution" value="0.050"/>
        <param name="map_size"        value="$(arg map_size)"/>
        <param name="map_start_x"    value="0.5"/>
        <param name="map_start_y"    value="0.5" />
        <param name="map_multi_res_levels" value="2" />


        <!-- Map update parameters -->
        <param name="update_factor_free"           value="0.4"/>
```

```xml
        <param name="update_factor_occupied"     value
="0.9" />
        <param name="map_update_distance_thresh" value="0.1"/>
        <param name="map_update_angle_thresh"     value
="0.04" />
        <param name="map_pub_period"              value="2" />
        <param name="laser_z_min_value"          value= "
-0.1" />
        <param name="laser_z_max_value"          value= "
0.1" />
        <param name="laser_min_dist"             value="
0.12" />
        <param name="laser_max_dist"             value="
3.5" />

        <!-- Advertising config -->
        <param name="advertise_map_service"       value=
"true"/>
        <param name="scan_subscriber_queue_size"
value="$(arg scan_subscriber_queue_size)"/>
        <param name="scan_topic" value="$(arg scan_topic)"/>

        <!-- Debug parameters -->
        <!--
        <param name="output_timing"     value="false"/>
        <param name="pub_drawings"       value="true"/>
        <param name="pub_debug_output" value="true"/>
        -->
    </node>
</launch>
```

以上是关于 hector 节点的启动文件，launch 文件中包含启动 hector_mapping 的节点，节点中包含 hector 的算法参数配置。

10.4.4　功能运行

现在可以在机器人上启动 Hector 算法了。分别打开三个终端，并运行以下三条指令。第一个终端用于启动机器人的底盘，第二个终端则负责运行 Hector 地图构建算法和 Rviz 上位机，而第三个终端将执行键盘控制节点，以下是具体的指令。

```
roslaunch xrobot_driver xrobot_bringup.launch

roslaunch xrobot_slam xrobot_slam slam_methods:=hector

roslaunch xrobot_teleop keyboard.launch
```

Hector地图构建过程如图10-16所示。当用户打开Rviz上位机时，将能够看到Hector正在构建的地图的初步成果。接下来，通过键盘控制节点遥控机器人在房间内移动，可以观察到Rviz上位机中的SLAM过程，地图将随着机器人的移动而不断完善。

当地图构建完成后，需要将生成的地图保存下来。SLAM建图结果如图10-17所示。

图10-16 Hector地图构建

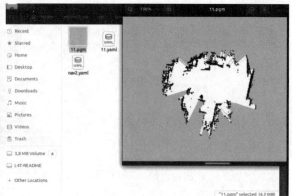

图10-17 SLAM建图结果

在熟知Gmapping和Hector两种常见的二维SLAM地图构建方法后，大家可以在同一环境中分别使用两种方法建立地图，对比一下两个地图的优劣。

10.5 Cartographer地图构建

Cartographer算法是一种先进的SLAM技术，主要利用激光雷达数据进行高精度的地图构建，可以实现机器人在二维或三维条件下的定位及建图功能。不仅在技术上具有一定的创新性，而且它的设计使得其能够在多种环境中提供高效精准的实时定位和地图构建服务。

10.5.1 原理简介

Cartographer算法具有两个部分，分别对应SLAM算法的前端和后端。第一个部分是Local SLAM（本地建图），此部分基于激光雷达信息会建立维护出一系列的子图，就是栅格地图。如图10-18所示，当雷达数据输入，系统将自动匹配到子图的最佳位置处。第二个部分就是Global SLAM（全局建图），对应SLAM算法的后端，主要通过闭环检测来消

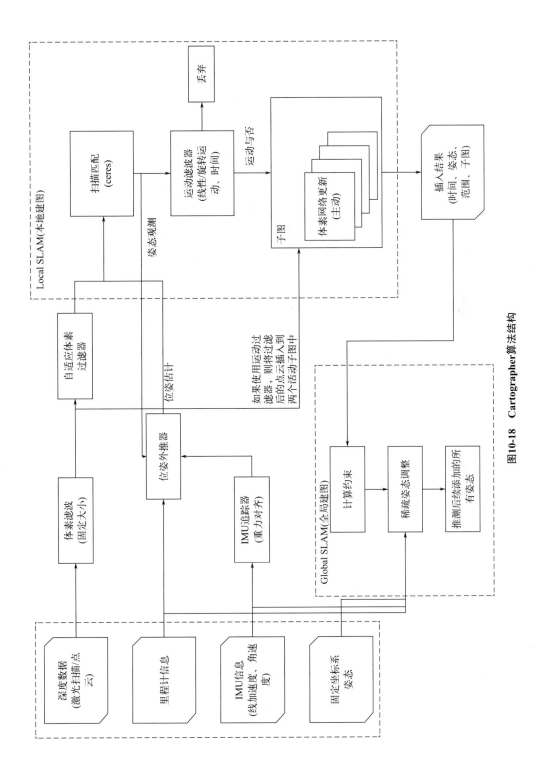

图10-18　Cartographer 算法结构

除第一部分产生的误差累计，每当一个子图构建完成，便不会有新的数据进入该地图。两者配合，Local SLAM 生成细碎的图块，Global SLAM 则进行完整板块的拼接。

10.5.2　接口定义

在 Cartographer 功能包中，话题的订阅和发布主要涉及从各种传感器获取数据以及发布处理后的结果。以下是一些详细的话题名称和类型介绍。

（1）话题订阅（subscribed topics）

① IMU 数据。通常命名为"imu"，包含加速度和角速度信息，用于辅助位姿估计。

② 激光雷达数据。如果你使用了一个激光雷达，该话题通常为"sensor_msgs/LaserScan"，提供原始或预处理的点云数据。

③ 里程计数据。提供关于机器人运动的信息，有助于估计机器人在两个激光扫描之间的相对移动。

（2）话题发布（published topics）

① Occupancy Grid Map。发布构建的占用栅格地图信息。

② Trajectory Node。发布轨迹节点信息，包括局部位姿图形（submap）和全局位姿图形（poses）。

③ 2D/3D Map MetaData。发布地图的元数据信息，如地图的分辨率等。

这些话题和服务使得 Cartographer 能够与其他 ROS 节点进行交互，实现数据的输入和输出，以及控制和查询 Cartographer 的状态。

Cartographer 功能包中的 TF 变换用于定义不同坐标系之间的平移与旋转关系。在 Cartographer 中，TF 变换起着至关重要的作用，因为它涉及多个传感器数据的坐标系转换。

传感器安装偏移校正：例如，如果激光雷达安装在机器人的尾部，距离为 18cm，角度为 180°，那么可以通过设置 TF 参数来表示这种固定转换关系。这些参数通常包括三个平移（x, y, z）和四个旋转（角度 x, y, z, w）分量。在这个例子中，/base_link 作为 parent frame，/laser 作为 child frame，对应的变换参数可能是 −0.18000010，这表示从 base_link 到 laser 的变换。

实时参考系跟踪：TF 功能包能够随时间跟踪多个参考系，使用树型数据结构维护坐标变换关系。这对于计算机器人内部各个部件（如激光雷达、抓手、关节等）在不同时刻的位姿非常重要。

多传感器数据融合：由于每个传感器发布的数据都是基于自己的坐标系，因此在进行数据融合之前，需要将所有数据转换到同一个坐标系下。这一步骤是实现精确传感器融合的基础。

TF 变换在 Cartographer 算法中起到了桥梁的作用，它不仅连接了不同传感器之间的坐标系，还确保了数据融合的准确性和机器人定位的精确性。

10.5.3　配置方法

观察其启动文件，一般包含三个节点。

map_builder：这是地图构建器节点，负责局部地图的创建和更新。它接收来自传感器的数据，如激光雷达（lidar）和IMU的数据，并处理这些数据来估计机器人的位姿以及环境中的障碍物和特征点。

local_slam：该节点执行局部SLAM过程，它使用来自map_builder的数据来优化位姿图，即Submap间的相对位姿，以提高建图的准确性。

global_slam：全局SLAM节点则负责全局位姿图的优化，它通过回环检测和闭环优化来减少累积误差，从而在更大范围内提供一致的地图。

这三个节点是Cartographer算法的核心，它们协同工作以实现精确的实时定位和地图构建。在使用Cartographer时，需要通过配置文件来调整这些节点的参数，以适应不同的应用场景和传感器配置。

10.5.4　功能运行

输入以下指令，第一条用于启动机器人底盘运动，第二条用于运行Cartographer地图构建算法和Rviz上位机，第三条用于终端运行键盘控制节点。建图结果见图10-19。

```
roslaunch xrobot_driver xrobot_bringup.launch

roslaunch xrobot_driver xrobot_cartogapher.launch

roslaunch xrobot_teleop keyboard.launch
```

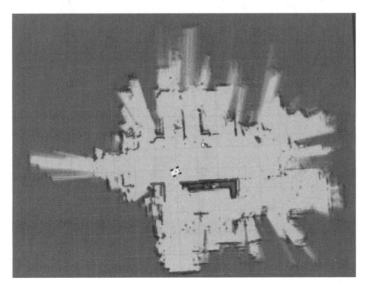

图10-19　建图结果

10.6 本章小结

本章深入探讨了SLAM技术的基本原理和常见架构。通过实际操作，使用了Gmapping和Hector等算法来构建地图，并在ROS教育机器人上进行了实际应用。通过这些实践，深入地理解SLAM技术的核心原理，熟练掌握机器人在ROS环境中的操作方法，从而将理论知识与实践操作相结合，为未来的机器人技术研究和应用打下坚实的基础。

 知识测评

一、选择题

1. 在SLAM建图导航的应用案例中，（　　）不属于常见的应用场景。

A. 智慧农业自动喷药机　　　　　　　　　B. 自动驾驶汽车

C. 室内服务机器人　　　　　　　　　　　D. 工业生产线搬运机器人

2. 在ROS机器人SLAM建图中，（　　）传感器通常用于获取环境信息。

A. RGB相机　　　　　　　　　　　　　　B. 激光雷达

C. 惯性测量单元　　　　　　　　　　　　D. 力矩传感器

3. SLAM技术中的"SLAM"指的是（　　）。

A. 同步定位与地图构建　　　　　　　　　B. 传感器融合与地图构建

C. 同步导航与定位　　　　　　　　　　　D. 传感器数据处理

4. ROS中用于可视化SLAM地图的工具是（　　）。

A. Gazebo　　　　　　B. Rviz　　　　　　C. rqt　　　　　　D. rosbag

5. ROS中的SLAM过程通常不需要（　　）输入。

A. 激光雷达数据　　　　　　　　　　　　B. 摄像头图像

C. GPS定位　　　　　　　　　　　　　　D. 惯性测量单元（IMU）数据

二、判断题

1. SLAM技术可以在完全没有先验信息的环境中创建地图。　　　　　（　　）

2. ROS中的SLAM算法只能使用激光雷达数据进行地图构建。　　　　（　　）

3. 在ROS中，Gmapping功能包仅支持2D地图的构建。　　　　　　　（　　）

4. SLAM过程中，地图的精度与传感器的精度无关。　　　　　　　　（　　）

5. SLAM技术可以用于增强现实（AR）应用中的场景重建。　　　　　（　　）

三、填空题

1. 在ROS中，用于存储地图信息的常见数据结构是_____。

2. SLAM技术中的"SL"代表的是_____和_____。

3. 在SLAM过程中，机器人的定位和地图构建是通过_____方法来实现的。

4. 为了优化SLAM地图和机器人轨迹，通常使用_____算法来最小化定位误差和地图重建误差。

5. 在SLAM建图过程中，_____是通过匹配得到的特征点来逐步构建地图的过程。

第11章

移动机器人自主导航

在前面的章节中，我们通过SLAM技术实现了对机器人的控制，并成功构建了未知环境的地图。那么，这张精心构建的地图究竟有何用处呢？接下来，将探讨SLAM地图的一个重要应用场景——自主导航。

以家用扫地机器人为例，当它首次进入用户的家时，对家中的环境一无所知。启动后，它的首要任务就是对这个陌生的环境进行探索，即进行SLAM建图。一旦地图构建完成，机器人就可以开始执行其清洁任务了。然而，在这个过程中，机器人会遇到一系列挑战：如何确保家中的每个角落都被清洁到？如何避免与已知的墙壁、衣柜等障碍物发生碰撞？对于静态障碍物，机器人或许还能轻松应对，但如果家中有小孩、宠物，或者不时出现的其他杂物，机器人又该如何灵活避让呢？为了解决这些问题，需要一套智能化的自主导航算法来指导机器人进行高效、安全的清洁工作。

本章讲解机器人导航运动的基本流程及算法原理，在自主导航系统构建过程深入理解相关程序与设计方案，为实际工作场景应用奠定基础。

 学习目标

（1）知识目标
① 熟悉自主导航的基本流程，包括环境感知、定位、路径规划与控制等关键环节。
② 掌握移动机器人三种运动导航的运行程序和基本原理。
（2）能力目标
① 能够分析机器人在自主导航过程中遇到的各种问题，如定位失准、路径拥堵等。
② 能够提出有效的解决方案，通过调整算法参数、引入新的传感器等手段解决问题。
（3）素养目标
① 分析故障原因，努力调试数据，增强分析能力和创新能力。
② 坚定科技创新的理想信念，积极主动投身机器人工程行业。

学习导图

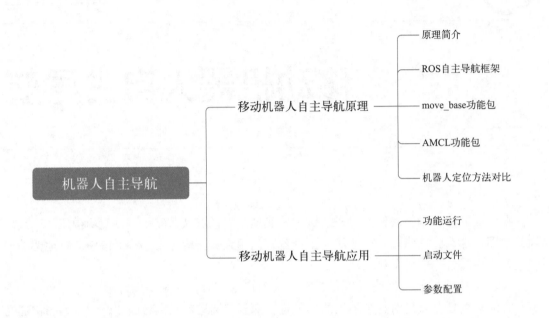

 知识讲解

11.1 移动机器人自主导航原理

机器人自主导航是指机器人具备自主识别环境、规划路径以及实施导航功能的能力。虽然导航算法不同，但其功能模块大致包含地图构建功能、测量或估计机器人姿态功能、识别障碍物功能、计算最优路径功能。需要注意的是，机器人自主导航的实现涉及多个学科领域的知识，如计算机视觉、控制理论、人工智能等。同时，由于实际应用场景的多样性和复杂性，机器人自主导航的实现也面临着诸多挑战和难题。因此，目前仍有许多研究者和工程师致力于研究和改进机器人自主导航技术，以提高其性能和应用范围。

11.1.1 原理简介

机器人导航与我们日常生活中使用的地图导航 App 有着异曲同工之妙。

无论是对于地图 App 还是机器人，都需要设定一个明确的目标点作为导航的终点，如图 11-1 所示。在地图 App 中，可以直接输入或选择目标点，而对于机器人，这个目标点可以是人为设定，也可以通过上层应用程序自动指定。简而言之，首先要明确的是"去哪里"。

为了规划到达目标点的路径，机器人需要知道自己当前所处的位置。地图 App 可以通过手机的 GPS 功能来定位，而机器人在室外时同样可以利用类似技术进行定位。然而，在

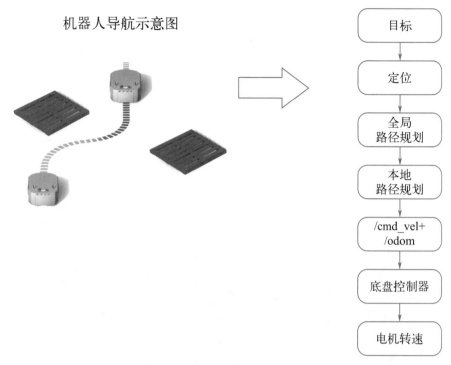

机器人导航示意图

目标

定位

全局
路径规划

本地
路径规划

/cmd_vel+
/odom

底盘控制器

电机转速

图11-1　移动机器人的自主导航流程

室内环境下，GPS往往无法准确工作，此时机器人可以依赖里程计来估算其位置，或者采用AMCL技术（一种全局定位算法）来确定其精确位置，这一步的关键是明确"在哪里"。

有了起点和目标点之后，接下来便是路径规划。这一步的任务是确定从起点到终点的最优路径。这个模块被称为全局规划器。全局规划器基于全局地图的信息，分析并计算出使机器人以最优方式到达目的地的路径。

当机器人开始移动时，虽然它尽量沿着全局最优路径前进，但不可避免地会遇到如道路施工、临时事故等突发情况，这时就需要机器人进行动态决策，选择一条被迫偏离全局最优路径但能够避开障碍物的路线。这个过程在机器人中是由本地规划器完成的。

除了实时规划避障路径外，本地规划器还会确保机器人尽可能沿着全局路径前进，并为其计算每个时刻的运动速度。这个速度信息通过cmd_vel话题发送给机器人的底盘，底盘中的驱动系统随后会控制机器人的电机以特定速度运转，从而推动机器人向目标点前进。

总之，机器人的导航过程涵盖了从设定目标点、确定位置、路径规划到动态避障等多个环节。通过理解这一过程，可以更深入地认识机器人导航技术，并将其与日常生活中的地图导航App进行类比，从而更好地掌握其原理和应用。

11.1.2　ROS自主导航框架

机器人的自主导航功能主要依赖两大核心组件：机器人定位和路径规划。针对这两大关键任务，ROS提供了相应的功能包来实现这些功能。

① move_base功能包负责实现机器人的最优路径规划。通过这一功能包，机器人能够基于全局地图信息计算出从当前位置到目标点的最佳路径。

② AMCL功能包则负责在二维地图中实现机器人的精确定位。AMCL利用粒子滤波算法，结合机器人的传感器数据（如激光扫描或里程计信息），估计机器人在地图中的精确位置。

基于上述两个功能包，ROS构建了一套完整的自主导航框架，如图11-2所示。在这一框架下，机器人仅需发布必要的传感器信息和导航的目标位置，ROS就能够自动完成导航任务。

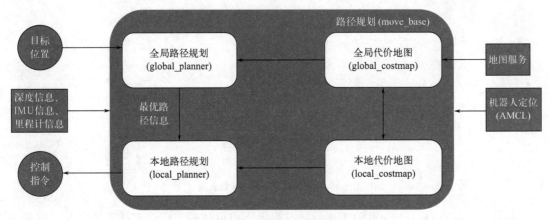

图11-2　ROS中自主导航框架

在导航过程中，move_base功能包作为核心组件，不仅提供导航的主要运行路径，还提供了与用户和其他系统交互的接口。为确保导航路径的准确性，机器人必须对自己在地图中的位置进行精确估计，这一任务由AMCL功能包完成。

此外，导航功能包还需要实时采集机器人的传感器信息，以实现动态避障功能。这要求机器人通过ROS发布sensor_msgs/LaserScan或sensor_msgs/PointCloud格式的消息，即二维激光扫描数据或三维点云数据。同时，机器人还需要发布nav_msgs/Odometry格式的里程计信息，并提供相应的TF变换，以描述机器人与周围环境之间的相对关系。

导航系统能够综合考量机器人的实时位置、传感器姿态、障碍物信息，以及通过SLAM技术构建的占用网格地图，并将这些信息融合进一张静态地图中。这张地图清晰区分了占用区域（即障碍物所在区域）、自由区域（机器人可自由移动的区域）以及未知区域（尚未被探索或确定状态的区域）。

在导航过程中，系统会基于这四个核心因素来计算障碍物所在的具体范围、机器人预计可能与之发生碰撞的区域，以及可安全移动的区域。这些计算的结果被整合进一个被称为代价地图（costmap）的数据结构中。根据导航的不同需求，代价地图被细分为两部分，即global_costmap和local_costmap；前者负责在全局范围内规划移动路径，覆盖整个工作区域，提供整体上的移动指导；后者则专注于机器人附近局部区域的路径规划，特别是在需要规避障碍物时，为机器人提供精确的移动策略。虽然两种代价地图的目的各异，但它们都采用相同的数值表示法。

costmap采用0～255之间的数值来量化不同区域的特性。这些数值背后有着明确的含义，如图11-3所示。通过这些数值，我们可以快速判断机器人当前是否处于可移动区域，还是正面临着与障碍物碰撞的风险。其参数配置如表11-1所示。

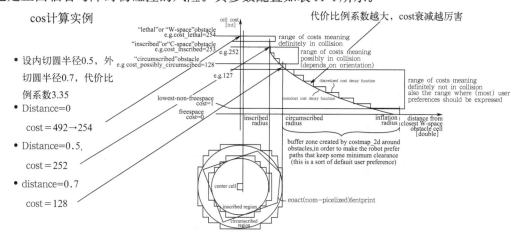

图11-3　障碍物距离与costmap值的关系

表11-1　costmap配置参数详解

参数值 / 参数范围	表示区域
000	机器人可以自由移动的自由区域
001～127	碰撞概率低的区域
128～252	碰撞概率高的区域
253～254	碰撞区域
255	机器人不能移动的占用区域

最终，导航功能包的输出是geometry_msgs/Twist格式的控制指令。这要求机器人的控制节点能够解析这些指令中的线速度和角速度信息，并据此控制机器人完成相应的运动，从而实现自主导航的目标。

11.1.3　move_base功能包

move_base是ROS中负责路径规划的核心功能包，其内部集成了两大规划器，共同为机器人提供导航服务。

（1）全局规划器（global planner）

全局规划器根据机器人所在的全局地图和目标位置，计算出从起点到终点的总体路径。在此过程中，Dijkstra或A*算法常被采用。

① Dijkstra算法。Dijkstra算法采用广度优先策略，如图11-4（a）所示，它逐步从起点向外层扩展搜索，直至找到目标点。由于其搜索范围广泛，往往能找到全局最优路径，但相应地，其消耗的资源和时间也较多，因此更适合小范围场景，如室内或园区导航。

② A*算法。A*算法通过引入启发函数来指导搜索方向，如图11-4（b）所示，缩小了搜索空间，提高了效率，但其得到的全局路径不一定是最优的。该算法适用于大范围的场景，因为它在效率和资源消耗上更为平衡。

考虑到移动机器人的应用场景和计算资源情况，move_base在ROS导航中默认使用Dijkstra算法作为全局规划算法。

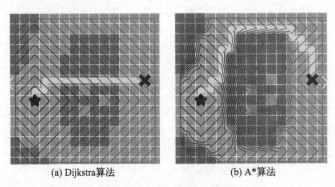

（a) Dijkstra算法　　　　　　　（b) A*算法

图11-4　Dijkstra与A*算法

（2）本地规划器（local planner）

在实际应用中，机器人需要根据实时环境信息和全局路径进行实时调整，以确保顺利行驶。这部分工作由本地规划器完成，它采用Dynamic Window Approaches（DWA，动态窗口算法）进行路径规划。

① DWA。DWA的输入是全局路径和本地代价地图信息，输出则是用于控制机器人底盘的速度指令。其算法处理流程过程如图11-5所示。

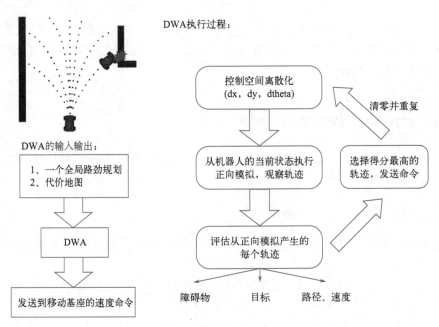

图11-5　DWA本地规划器

DWA 的核心思想是将机器人的控制空间进行离散化处理。具体而言，该算法会根据机器人当前的运行状态，采样多组可能的速度组合。接着，算法会模拟这些速度组合在一段时间内的运动轨迹，从而生成多条候选轨迹。为了确定最佳轨迹，算法会应用一个评价函数对这些轨迹进行评分。评分标准涵盖了多个方面，如轨迹是否可能导致机器人与障碍物发生碰撞，以及轨迹是否更接近于全局路径等。最终，DWA 算法会选择综合评分最高的轨迹所对应的速度作为当前应给予机器人的速度指令。这一过程确保了机器人在自主导航时能够选择安全且高效的移动策略。

DWA 算法流程简单，计算效率高，但在环境频繁变化的场景中可能不太适用。

② TEB 算法。TEB，即 time elastic band，从字面上理解，"elastic band" 即橡皮筋，这种算法的特性恰似橡皮筋：它连接起点和目标点，并允许路径进行一定的变形。这种变形是基于各种路径约束的，就好像是给橡皮筋施加了一个外力。

图 11-6 展示了 TEB 本地规划器的工作原理。在这张图中，机器人当前位于位置 A，而目标点是全局路径上的一个点 B。这两个点就像是橡皮筋的两端，是固定的。TEB 算法会在 A 和 B 之间插入一系列的机器人姿态点，这些点作为控制橡皮筋形变的控制点。为了完整地描述轨迹的运动学信息，还需要定义点与点之间的运动时间，即 "time" 所代表的含义。

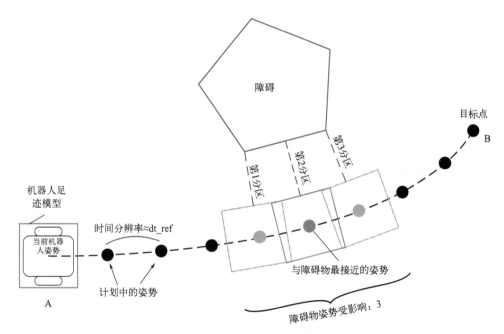

图11-6　TEB本地规划器

这些离散的位姿点构成了一个优化问题。优化的目标在于使由这些离散位姿点组成的轨迹达到时间最短、距离最短，并且尽可能地远离障碍物。同时，还要对速度和加速度进行限制，确保这个轨迹符合机器人的运动学规律。

最终，满足上述所有约束条件的机器人状态将作为本地规划器给出的速度指令，传递给机器人的底盘进行执行。

11.1.4 AMCL功能包

在机器人的导航过程中，仅仅依赖路径规划算法是不够的，机器人还需要精确地知道自己的实时位置。尽管里程计定位简单实用，但长时间运行会累积误差。因此，在ROS导航系统中，经常利用AMCL功能包来进行机器人的全局定位。

AMCL功能包封装了一套专门针对二维环境下的蒙特卡洛定位方法。它使用粒子滤波器来估计机器人的姿态，并通过不断优化，得到更为准确的全局定位结果。

AMCL算法的主要流程，可以这样形象地描述：

当机器人启动后，它会位于一个初始位姿。此时，AMCL定位算法会在这个初始位姿周围随机撒播大量的粒子，每个粒子都可以看作是机器人的一个分身。由于撒播是随机的，这些分身的姿态各不相同。其定位算法如图11-7所示。

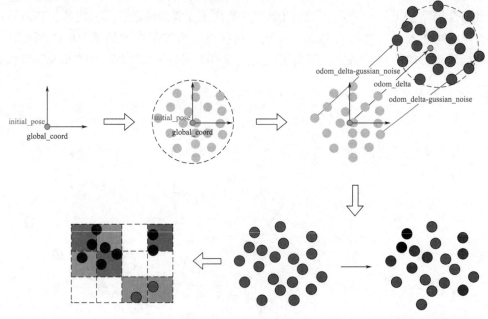

图11-7　AMCL定位算法

随着机器人的运动，比如以1m/s的速度前进，这些粒子也会以相同的速度移动。由于每个粒子的姿态不同，它们的运动轨迹会逐渐与机器人的实际轨迹产生差异。那么，如何判断哪些粒子走偏了呢？这就需要结合地图信息来进行判断。

例如，当机器人向前走了1m时，通过传感器可以检测到前方障碍物的距离从原来的10m变为了9m。这个信息会传达给所有的粒子。那些与机器人轨迹渐行渐远的粒子所接收到的信息会与机器人自身的信息不一致，因此它们会被算法剔除。而与机器人状态一致的粒子会被保留，并会派生出一个与当前状态相同的粒子，以避免所有粒子都被剔除。

按照这样的思路，以一定的频率持续对粒子进行筛选和更新，最终这些粒子会逐渐聚集到机器人的真实位置附近。聚集度最高的区域就是机器人的当前位姿，也就是定位的结果。AMCL定位算法的框架如图11-8所示。

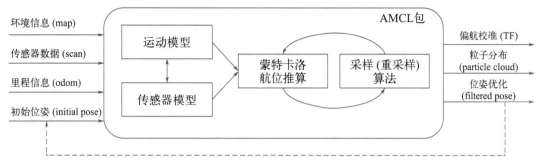

图11-8 AMCL定位算法框架

11.1.5 机器人定位方法对比

详细对比两种常见的机器人定位方法，如图11-9所示。

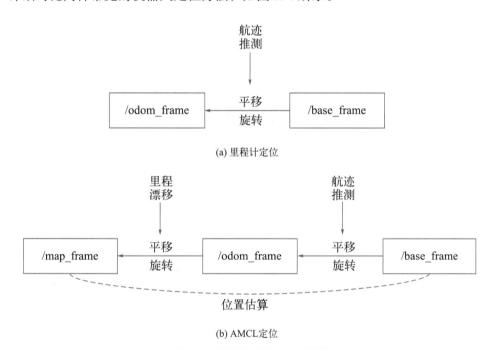

(a) 里程计定位

(b) AMCL定位

图11-9 里程计定位和AMCL定位

（1）里程计定位

这种方法基于机器人的运动学模型和轮子旋转的积分计算。它通常被称为航迹推测。里程计定位的优点在于其计算相对简单，且不容易受到环境因素的影响。然而，其主要的缺点是会随着时间的推移产生累积误差。在ROS系统中，定位的结果是通过TF树中的odom里程计坐标系和机器人的base_frame坐标系来描述的。

（2）AMCL定位

这种方法则基于机器人的激光雷达和环境地图进行计算，通常被称为位置估算。

AMCL定位的主要优势在于它提供全局定位，并且没有累积误差。然而，其算法相对复杂。在ROS中，定位的结果是通过TF树中的map地图坐标系和机器人的base_frame坐标系来描述的。

在ROS的TF树中，由于规定一个坐标系不能有两个父坐标系，因此AMCL建立了map地图坐标系和odom坐标系之间的关系。通过坐标计算，可以得到位置估计的结果。

在仿真环境中，如果不考虑里程计的误差，map和odom坐标系往往是重合的。但在实际场景中，由于各种因素的影响，这两个坐标系往往不重合。它们之间的偏差实际上反映了里程计的漂移情况。

在ROS的SLAM地图构建和自主导航过程中，三个坐标系扮演着至关重要的角色。理解每个坐标系的物理含义对于成功完成导航和定位任务至关重要。简而言之，base_frame代表机器人本身，odom代表基于里程计的定位参考系，而map则代表如AMCL等全局定位方法所使用的参考系。

在了解了这些导航和定位的理论知识后，接下来我们在不同运动模态的机器人平台上测试这些导航包的实际功能效果。

11.2　移动机器人自主导航应用

当处于未知的动态环境中，理想的移动机器人可以通过自身佩戴的传感设备和红外设备感知环境，到达指定地点。在此过程中，机器人时刻面临着"我在哪？""我周围有什么？""我下一步去哪？"等问题，这涉及环境感知、地图创建、即时定位、运动规划等技术。

在自动驾驶汽车中，许多都采用了阿克曼转向结构。即阿克曼轮它通过精确控制前轮的转向角度，确保车辆在转弯时内外轮能够以不同的速度旋转，从而实现更加平滑、稳定的转向效果。在全向运动导航中，机器人通常配备了全向轮，如麦克纳姆轮，这种轮子的设计使得机器人可以在任何方向上移动，而不仅仅是前后或左右。

11.2.1　功能运行

首先，远程登录到移动机器人的控制系统。通过输入以下特定的两条命令，启动机器人的底盘和各种传感器。接下来，执行自主导航运动的launch启动文件。

```
roslaunch xrobot_driver xrobot_bringup.launch

roslaunch xrobot_teleop keyboard.launch
```

当Rviz上位机启动后，可以利用工具栏中的2D Nav Goal功能来选择目标点。一旦调整好目标姿态并松开鼠标，机器人就会开始其导航任务。此类运动可广泛用于指定起始点和终点的单线程流水作业，而不受轮子类型的影响。单点自主导航如图11-10所示。

图11-10　移动机器人单点自主导航

通过配置多目标点的yaml文件和参数，可以实现复杂的路径规划，即多点自主导航，类似于起始点、途经点与终点。在多点导航中，机器人需要一次访问多个预设的目标点，因此需要注意路径规划的合理性，根据环境位置实时调整。多点自主导航如图11-11所示。

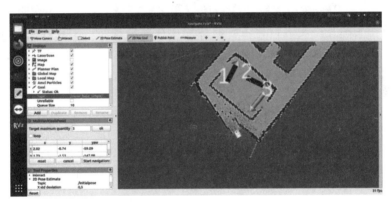

图11-11　移动机器人多点自主导航

若使用阿克曼轮转向时，机器人的两个前轮会进行平行转向运动。这种运动方式会导致转弯半径的限制，因此在转弯时，会明显感觉到机器人会绕过一个特定的角度。

若使用麦克纳姆轮运动时，特别是在避障和转向时，可以观察到机器人在Y轴方向上的横向运动，这正是全向运动模态为机器人提供的卓越运动性能的一个体现。

11.2.2　启动文件

要启动自主导航运动功能，需要执行xrobot2_ws/src/xrobot_navigation/launch/xrobot_ navigation.launch这个launch文件。这个文件的结构与常见导航模态的框架是相似的，它涵盖了里程计的滤波节点、amcl定位节点、map_server地图服务器节点、move_base导航节点以及Rviz可视化界面。如图11-12所示。

图11-12 launch文件

在该launch文件中，运动控制算法与执行程序可以适应不同的模式运动，即可以将麦克纳姆轮替换为阿克曼轮进行自主导航运动。在此步骤前，需要确保阿克曼轮转向机构、传感器等硬件已经正确安装。同时，更新ROS包中的控制代码并修改系统配置文件以适应新的阿克曼轮转向机构的参数和接口，并对路径规划和控制算法进行调整优化。如图11-13所示。

```
1  <launch>
2      <arg name="model" default="$(env XROBOT_MODEL)" doc="model type [8KT, TU]"/>
3
4      <!-- 修改使用的模块 -->
5      <arg name="chassis_type" default="Ackerman" doc="opt: [Ackerman, Mecanum]"/>
6      <arg name="lds_type" default="YDLIDAR-X2" doc="opt: [YDLIDAR-X2]"/>
7      <arg name="camera_type" default="astra" doc="opt: [astra, usb]"/>
8
9      <arg name="use_camera" default="false"/>
10     <arg name="use_lidar" default="true"/>
11
12     <arg name="multi_robot_name" default=""/>
13     <arg name="set_lidar_frame_id" default="laser_link"/>
14
15     <include file="$(find xrobot_driver)/launch/xrobot_core.launch">
16         <arg name="port" value="/dev/XCOM2"/>
17         <arg name="baud" value="512000"/>
18         <arg name="multi_robot_name" value="$(arg multi_robot_name)"/>
19     </include>
20
21     <group if="$(eval use_lidar)">
22         <include file="$(find xrobot_driver)/launch/xrobot_lidar.launch">
23             <arg name="port" value="/dev/XCOM3"/>
24             <arg name="lds_type" value="$(arg lds_type)"/>
25             <arg name="set_frame_id" value="$(arg set_lidar_frame_id)"/>
26         </include>
27     </group>
28
29     <group if = "$(eval chassis_type == 'Ackerman')">
30
```

```
31      </group>
32
33      <!-- 启动usb相机驱动包  -->
34      <group if="$(eval use_camera)">
35          <group if="$(eval camera_type == 'usb')">
36              <include file="$(find xrobot_driver)/launch/xrobot_$(arg camera_type)_camera.launch">
```

图11-13　将麦克纳姆轮替换为阿克曼轮

本地规划器采用了 TEB 算法，该算法考虑了最小转弯半径的设置，可以确保机器人在导航过程中，特别是在转弯时，能够更准确地按照不同运动模式的特点进行路径规划。

11.2.3　参数配置

在以下代码中，将看到全局代价地图和本地代价地图的配置参数。若要调整导航规划器的效果，可以尝试修改代价地图中的一些参数。

xrobot2_ws/src/xrobot_navigation/param/teb_local_planner_params__8KT.yaml 是自主导航运动模式下本地规划器 TEB 算法的配置参数文件，这里以全向自主导航运动参数配置为例。

图11-14 是机器人配置参数情况，可以看出本案例同时对线速度、加速度以及旋转角度等运动参数进行设定，以求达到预期功能。在采用阿克曼运动控制时，应注意将 Y 轴方向的参数设置为 0 以确保车辆在转弯过程中，其纵向轴线与瞬时转向中心保持垂直。

```
# Robot 机器人配置参数
acc_lim_x: 0.15         # X方向最大线加速度（单位：m/s²）。
acc_lim_y: 0.15         # Y方向最大线加速度（单位：m/s²）。差速轮机器人无Y方向线加速度，取0
acc_lim_theta: 0.2      # 最大角加速度（单位：rad/s）
max_vel_x: 0.15          # X方向最大速度（单位：m/s）
max_vel_x_backwards: 0.5  # 向后行驶时机器人的最大绝对平移速度（单位：m/s）
max_vel_y: 0.15          # Y方向最大速度（单位：m/s）
max_vel_theta: 0.5      # 允许的最大旋转速度（单位：rad/s）
min_turning_radius: 0.0  # 类车机器人的最小转弯半径（差速驱动机器人设置为0）
is_footprint_dynamic: false
# 指定用于优化的机器人足迹模型类型。不同的类型是"点""圆形""线""two_circles"和"多边形"。模型的类型
显著影响所需的计算时间
footprint_model:   # types: "point", "circular", "two_circles", "line", "polygon"
  type: "line"
  line_start: [-0.30, 0.0]
  line_end: [0.30, 0.0]
```

图11-14　机器人配置参数

图11-15 是对机器人的运动学参数设定的误差范围，即在此范围内的可视为功能实现。

```
# # GoalTolerance 目标容差参数
yaw_goal_tolerance: 0.05  # 允许的最终方向误差（以 rad 为单位）
xy_goal_tolerance: 0.1     # 到目标位置的允许最终欧几里德距离（以 m 为单位）
free_goal_vel: false       # 去除目标速度约束，使机器人能够以最大速度到达目标
```

图11-15　误差范围

图 11-16 是对机器人的轨迹规划的相关参数设定，包括分辨率、移动距离以及机器位姿等信息的配置，通常使用默认值。

```
# Trajectory 轨迹配置参数
dt_ref: 0.3                                    # 所需的轨迹时间分辨率（轨迹不固定为dt_ref ，因为时间分辨率是
优化的一部分，但如果违反dt_ref +-dt_hysteresis，则轨迹将在迭代之间调整大小。）
dt_hysteresis: 0.1                             # 根据当前时间分辨率自动调整大小的滞后。建议使用10% 的dt_ref
min_samples: 3
global_plan_overwrite_orientation: true # 覆盖全局规划器提供的局部子目标的方向（因为它们通常只提供二维
路径）
global_plan_viapoint_sep: 0.1  #
max_global_plan_lookahead_dist: 1.0            # 指定考虑优化的全局计划子集的最大长度（累积欧几里得距离）
force_reinit_new_goal_dist: 1.0
feasibility_check_no_poses: 1       #       # 指定每个采样间隔应检查预测计划上的哪个姿势的可行性。
publish_feedback: false
allow_init_with_backwards_motion: false
exact_arc_length: false
shrink_horizon_backup: true
shrink_horizon_min_duration: 10.0
```

图11-16   轨迹规划参数设定

图 11-17 是对机器人遇到障碍物时的参数设定，当机器人遇到障碍物时，本例设定的最小期望距离是 0.15m，当然若机器人运动性能好或是灵敏度高时可以减小距离。

```
# Obstacles 障碍物参数
min_obstacle_dist: 0.15                        # 局部规划时base_footprint与障碍物的最小期望距离
（单位：m）
include_costmap_obstacles: true                # 指定是否应考虑本地成本图的障碍。每个标记为障碍物
的单元格都被视为一个点障碍物。因此，不要选择非常小的成本图分辨率，因为它会增加计算时间
costmap_obstacles_behind_robot_dist: 1.0       # 限制在机器人后面进行规划时考虑的占用的本地成本地
图障碍（单位：m）
inflation_dist: 0.05
include_dynamic_obstacles: false
legacy_obstacle_association: false
obstacle_association_force_inclusion_factor: 0.5
obstacle_association_cutoff_factor: 5
costmap_converter_plugin: ""                    # 定义插件名称以便将成本图单元格转换为点/线/多边
形。设置一个空字符串以禁用转换，以便将所有单元格视为点障碍。可取值为
                                               # "costmap_converter::CostmapToPolygonsDBSMCCH",
                                               # "costmap_converter::CostmapToLinesDBSRANSAC",
                                               # "costmap_converter::CostmapToLinesDBSMCCH",
"costmap_converter::CostmapToPolygonsDBSConcaveHull",
                                               # "" 空字符串表示不启用
costmap_converter_spin_thread: true            # 如果设置为 true，costmap 转换器在不同的线程中调用
其回调队列。
costmap_converter_rate: 5.0                     # 速率，定义 costmap_converter 插件处理当前成本图
的频率（该值不应高于成本图更新率）（单位：Hz ）
```

图11-17   遇到障碍物时的参数设定

图 11-18 是优化算法的配置参数，其中的参数详解如下。no_inner_iterations 表示在每个外循环迭代中，实际求解器会进行多少次迭代。内循环迭代通常用于细化或调整轨迹，直到满足特定的收敛标准。no_outer_iterations 表示外循环迭代次数。每次外循环都会根据所需的时间分辨率（dt_ref）自动调整轨迹的大小，并调用内部优化器（执行 no_inner_

```
# Optimization 优化参数
no_inner_iterations: 3                      # 在每个外循环迭代中调用的实际求解器迭代次数
no_outer_iterations: 3                      # 每次外循环迭代都会根据所需的时间分辨率dt_ref自动
调整轨迹的大小并调用内部优化器（执行no_inner_iterations）。因此，每个计划周期中求解器迭代的总数是两个值的
乘积
penalty_epsilon: 0.1                        # 为硬约束近似的惩罚函数添加一个小的安全余量
weight_acc_lim_x: 1.0
# weight_acc_lim_y: 0
weight_acc_lim_theta: 17.0
weight_max_vel_x: 1.0                       # 满足最大允许平移速度的优化权重
# weight_max_vel_y: 0                        # 差速导航注释掉此行
weight_max_vel_theta: 0.5
weight_kinematics_nh: 300.0                 # 调整顺应纵向运动和非顺应横向运动（扫射）之间的权
衡。
weight_kinematics_forward_drive: 1000.0    # 强制机器人仅选择前向（正平移速度）的优化权重。较
小的重量（例如 1.0）仍然允许向后行驶。1000 左右的值几乎可以防止向后行驶（但不能保证）。
weight_kinematics_turning_radius: 1000.0   # 执行最小转弯半径的优化权重（仅适用于类车机器人）
weight_optimaltime: 45.5                    # 用于收缩轨迹 wrt 转换/执行时间的优化权重，这个参
数是最优时间权重，如果大了，那么车会在直道上快速加速，并且路径规划也会切内道
weight_obstacle: 25.0                       # 与障碍物保持最小距离的优化权重
weight_viapoint: 200.0  #
weight_inflation: 0.05
weight_adapt_factor: 2.0
```

图11-18　优化算法的配置参数

iterations次）。因此，整个计划周期内求解器的总迭代次数是这两个值的乘积。penalty_epsilon，为硬约束近似的惩罚函数添加一个小的安全余量。硬约束通常是不允许违反的限制（例如最大速度），但为了计算的方便或鲁棒性，可能会使用带有惩罚项的近似方法。这个参数定义了这种近似方法的容差。weight_acc_lim_x和weight_acc_lim_theta这些参数分别定义了沿x轴方向加速度限制和转向角加速度限制的优化权重。权重越高，优化算法越倾向于满足这些限制。weight_max_vel_x即满足最大允许平移速度的优化权重。较高的权重意味着算法会更倾向于生成满足最大速度限制的轨迹。weight_kinematics_nh即调整顺应纵向运动和非顺应横向运动（扫射）之间的权衡。这通常与机器人的动力学特性有关，确保生成的轨迹在物理上是可行的。weight_kinematics_forward_drive即强制机器人仅选择前向（正平移速度）的优化权重。较小的权重仍然允许向后行驶，但高权重（如这里的1000）会倾向于阻止机器人向后行驶。weight_kinematics_turning_radius执行最小转弯半径的优化权重，特别适用于类车机器人。较高的权重意味着算法会更倾向于生成具有较大转弯半径的轨迹。weight_optimaltime用于收缩轨迹wrt转换/执行时间的优化权重，这个参数控制算法在优化轨迹时会权衡时间和路径长度，较高的权重能够生成更短的轨迹，但可能牺牲其他方面的性能（如平滑度或安全性）。weight_obstacle表示与障碍物保持最小距离的优化权重。较高的权重意味着算法会更倾向于生成远离障碍物的轨迹，从而提高安全性。weight_viapoint即与通过点（viapoint）相关的优化权重。通过点可能是用户定义的或任务特定的，算法会尝试使生成的轨迹通过这些点。weight_inflation即膨胀权重，与轨迹的膨胀或收缩有关，用于调整轨迹与障碍物之间的距离。weight_adapt_factor即适应因子权重，与轨迹的适应性或调整能力有关，用于处理动态环境或不确定性。

　　这些参数共同定义了优化算法的行为和偏好，使得生成的轨迹在满足各种约束和限制的同时，也尽可能地优化某些性能指标（如时间、安全性等）。调整这些参数可以影响轨迹的质量和特性，以满足不同的应用需求。

　　图 11-19 是多路径并行计算的参数配置，满足机器人多线程运动的功能需求。此外，还有多路径并行计算的配置选项，如是否激活多线程模式、每个线程可以计算的路径数量等。TEB 算法提供了大量的可配置参数，如果有兴趣深入了解，建议参考官方网站的解释进行修改和验证。

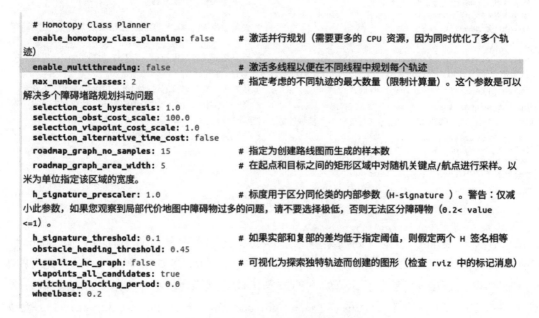

图11-19　多路径并行计算的参数配置

11.3　本章小结

　　本章深入了解移动机器人自主导航的核心原理，以及导航相关的核心功能包及其算法实现。特别是在move_base框架的基础上，针对不同类型的移动机器人运动模式进行导航功能的配置和实现。尽管各种运动模式对导航架构的影响相对较小，但本地规划器的选择却至关重要。因此，在实际应用中，需要根据所使用的机器人结构来选择合适的算法模块，以确保导航的高效性和准确性。

 知识测评

一、选择题

　　1. ROS 机器人自主导航主要依赖（　　　）技术。

A. SLAM 和路径规划

B. 传感器融合和滤波

C. 机器学习和深度学习

D. 视觉识别和特征匹配

2. 在 ROS 中，实现自主导航通常使用（　　　）功能包。

A. move_base

B. cartographer

C. AMCL

D. Rviz

3. move_base 功能包主要负责 ROS 机器人的（　　　）任务。

A. 传感器数据处理

B. 地图构建

C. 自主导航和路径规划

D. 机械臂控制

4. 在 ROS 机器人自主导航中，全局路径规划通常使用（　　　）算法。

A. Dijkstra 算法

B. 卡尔曼滤波

C. A^* 算法

D. 深度学习

5. ROS 机器人自主导航中的局部路径规划主要关注（　　　）。

A. 全局地图的构建

B. 机器人与障碍物之间的实时交互

C. 长期路径的优化

D. 传感器数据的融合

二、判断题

1. ROS 机器人自主导航不需要依赖任何传感器信息。　　　　　　　　　（　　　）

2. SLAM 技术对于 ROS 机器人自主导航来说不是必需的。　　　　　　　（　　　）

3. move_base 功能包只负责 ROS 机器人的全局路径规划。　　　　　　　（　　　）

4. 在 ROS 机器人自主导航中，定位精度对导航性能没有影响。　　　　　（　　　）

5. ROS 机器人自主导航只能应用于室内环境。　　　　　　　　　　　　（　　　）

三、填空题

1. ROS 机器人自主导航中，_____是实现机器人从起点到目标点移动的关键步骤。

2. 在 ROS 中，_____功能包提供了机器人自主导航的核心功能。

3. ROS 机器人自主导航中，定位和_____是两个基本任务。

4. 全局路径规划通常关注从起点到终点的整体最优路径，而局部路径规划则更注重机器人与_____之间的实时交互。

5. 在 ROS 机器人自主导航中，通过_____技术，机器人可以在未知环境中同时进行定位和地图构建。

第12章

移动机器人码垛

移动机器人码垛是实现自动化与智能化生产的关键环节。走进智能工厂或是数字化车间经常可以看到生产线后端的大型机器人灵活运作，将产品从生产线末端搬运至指定区域，并按照预设的规则进行堆叠。这不仅大大提高了生产效率，减少了人工操作，降低了人力成本，还确保了码垛的一致性和准确性。机器人码垛在仓库管理、快递物流等行业以及食品、建材、化工等行业的装袋、装箱场景中，都有广泛应用。

本章探究移动机器人码垛运动的功能原理，学习移动机器人码垛的原理、工艺参数、工艺指令以及程序编制等内容，并以ROS教育机器人码垛为例，运行既定功能程序，实现矩阵码垛任务要求。

 学习目标

（1）知识目标

① 掌握移动机器人码垛的功能原理，学会配置适合的工艺指令和参数设置。

② 熟知移动机器人码垛的程序语句的含义和指令，掌握运动故障的剖析与调试。

（2）能力目标

① 能够根据实际需求，合理规划和配置码垛任务工作站，包括机器人的布局、货物的摆放位置等。

② 能够结合将机器人导航、路径规划、机械臂控制等关键技术应用于码垛任务，提高知识理解和运用的能力。

（3）素养目标

① 学习分析工程需求，不断提升功能系统搭建等实践能力。

② 综合机器人系统功能，构建跨学科的知识结构，培养跨学科学习的综合能力。

学习导图

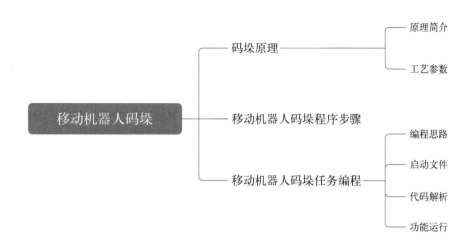

 知识讲解

12.1　码垛原理

移动机器人码垛主要用于在仓库或生产线中对物品进行堆叠、排列和搬运。它具备高精度、高效率、可编程和灵活性强等优点，能够快速、准确地完成码垛作业，提高生产效率和降低劳动强度。

码垛作业基于整合单位化概念，它将各种包装形式的物品，如袋装、罐装、瓶装和盒装产品，根据既定的排列方式堆积成整齐的货堆。这样的单位化货堆方便了物流过程中的存储、移动、装卸和运输等操作。在物料轻便、尺寸和形状多样性较大，以及码垛需求不频繁的情况下，手动码垛是经济有效的选择。然而，如果码垛的频率超过60次/h，手工操作不仅会消耗大量的人力资源，而且长时间的劳动还可能导致工人疲劳和效率下降。鉴于码垛任务的重复性、体力消耗大和批量化的特点，采用"机器替代"十分有必要。机器人码垛示意如图12-1所示。

图12-1　移动机器人码垛

12.1.1 原理简介

从运动轨迹的视角来看，机器人码垛操作将机器人的单一空间点作业，例如搬运和上下料，扩展到更为复杂的空间面或立体空间作业。换句话说，码垛机器人的任务编程比单纯的搬运或上下料机器人的编程要复杂得多。它不仅包括运动轨迹和动作顺序的编程，还涉及更深层次的码垛工艺流程的编程。

工作过程主要包括视觉识别、路径规划、动作执行以及反馈调节等步骤。通过内置的摄像头和图像处理系统，码垛机器人能够识别环境，包括地面上的标记和货物的形状与大小，以便确定货物的放置位置并正确地进行堆垛。然后，机器人会规划出从起点到终点的最短路径，并执行相应的动作，包括启动电机、调整关节角度和控制其他机械部件，以确保货物的安全运输。最后，机器人会对整个码垛过程进行反馈和调整，以确保下次操作的顺利进行。

12.1.2 工艺参数

码垛机器人的工艺参数设置主要包括货垛垛形、货垛位置和堆垛路径等。

货垛垛形指的是货垛的外围结构形状。根据货垛底部的平面结构，货垛的形态可以分为矩形、正方形、三角形、圆形和环形等。而依据货垛的垂直面结构，形态可被划分为矩形、正方形、三角形、梯形和半圆形等。此外，还可以组合成矩形与三角形、矩形与梯形、矩形与半圆形等混合形态。常见的垛形堆码方式及特点如表12-1所示。

表 12-1 常见的垛形堆码方式及特点

序号	垛形	堆码方式	垛形特点	垛形示例
1	平台垛	先在底层以同一方向平铺摆放一层物料（品），然后垂直继续向上堆积，每层物料（品）的件数、方向相同，垛顶呈现平面，垛形为长方体或正方体	平台垛适用于同一包装规格的整份批量货物，包装规则、能够垂直叠放的方形箱装、袋装等物料（品）。该垛形具有整齐、便于清点、占地面积小、方便堆垛操作等优点，但不具有很强的稳定性	
2	起脊垛	先按平台垛的方法码垛到一定的高度，以卡缝的方式逐层收小，将顶部收尖成屋脊形	起脊垛是平台垛为适应遮盖、排水等需要的变形，具有操作方便、占地面积小的优点，适用平台垛的货物同样适用起脊垛，但起脊垛由于顶部压缝收小，以及形状不规则，会造成清点货物的不便	
3	立体梯形垛	在最底层以同一方向排放物料（品）的基础上，向上逐层同方向减数压缝堆垛，垛顶呈平面，整个货垛呈下大上小的立体梯形	立体梯形垛适用于包装松软的袋装物料（品）和上层面非平面而无法垂直叠码物料（品）的堆码，如横放的卷形桶装、捆包物料（品），该垛形极为稳固	

序号	垛形	堆码方式	垛形特点	垛形示例
4	行列垛	将每种物料（品）按件排成行或列摆放，每行或列一层或数层高，垛形呈现长条形	行列垛适用于小批量物料（品）的码垛，长条形货垛使每个货垛的端头都延伸到信道边，作业方便而且不受其他货垛阻挡，但垛基小而且不能堆高，垛与垛之间都需留空，占用较大的库场面积，库场利用率较低	
5	井形垛	在以一个方向铺放一层物料（品）后，以垂直方向进行第二层的码放，物料（品）横竖隔层交错逐层堆放，垛顶呈平面	井形垛适用于长形的钢材及木方等堆码，垛形稳固，但每垛边上的货物可能滚落，需要捆绑	
6	梅花形垛	将第一排物料（品）排成单排，第二排的每件靠在第一排的两件之间卡位，第三排同第一排一样，然后每排依次卡缝排放，形成梅花形垛	梅花形垛适用于需要立直存放的大桶装物料（品）	

　　货垛位置指的是在仓库或储存区域中，货垛所放置的具体地点。如图12-2是货物堆放在仓库的货垛位置。确定货垛位置通常需要考虑多个因素，包括货物的尺寸、重量、存取频率、存储期限以及仓库的空间布局等。合理的货垛位置有助于提高仓储效率，确保快速准确地存取货物，同时也有助于防止货物损坏和保障作业安全。货垛位置的考虑要点如下。

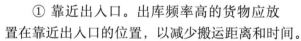

图12-2　仓库货堆位置示意图

　　① 靠近出入口。出库频率高的货物应放置在靠近出入口的位置，以减少搬运距离和时间。

　　② 避免阻塞通道。货垛不应妨碍仓库内的通道，以免影响紧急状况下的疏散或其他情况。

　　③ 适配货架承重。根据货架或者地面的承重能力来定位货垛，确保不会因超重造成损坏。

　　④ 考虑货物特性。易碎品、危险品等特殊货物应放在容易管理和符合其特性的位置。

　　⑤ 利用空间高度。为增加空间利用率，需考虑使用高层货架存放体积较小、重量轻的货物。

　　⑥ 遵守先进先出原则。有保质期的货物，应按照先进先出的原则放置，确保及时使用。

　　⑦ 便于装卸搬运。考虑到装卸搬运的便捷性，货垛位置应尽量靠近装卸区和运输工具。

⑧ 遵循仓库布局规划。货垛的摆放应与仓库的布局规划相协调，以提高整体运营效率。

通过精心规划货垛位置，可以显著提升仓库管理的有序性和操作的效率，同时减少潜在的安全隐患。

堆垛路径是指在物流中心、仓库或存储场所内，用于堆放货物的移动路线，如图12-3所示。这个路径是搬运设备（如叉车、堆垛机等）在存放和取出货物时所遵循的轨迹。有效的堆垛路径规划对于提高空间利用率、优化作业流程、减少作业时间和提升安全性都至关重要。设计堆垛路径时需要考虑的因素如下。

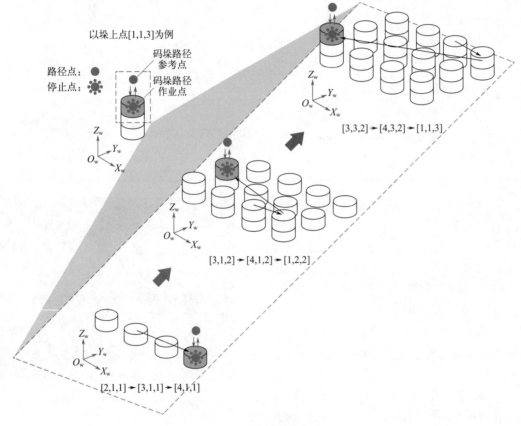

图12-3 堆垛路径示意图

① 路径宽度。确保路径宽度足够，以便搬运设备能够顺畅通过而不会碰撞到其他物体。

② 路径布局。考虑单向还是双向交通流线，以及是否需要设置专门的装卸区。

③ 避免交叉。尽量减少路径交叉点，以避免搬运设备之间的潜在冲突。

④ 最小化距离。设计路径以最小化搬运距离，从而节省时间和能源。

⑤ 灵活性。在可能的情况下，提供替代路径以提高操作灵活性和应对紧急情况。

⑥ 安全标识。明确地标出路径边界，使用警示标志和地面标记来指导搬运设备司机。

⑦ 货物特性。根据货物的大小、重量和稳定性需求来设计路径，特别是易碎或危险品。

⑧ 遵守规范。确保所有路径都符合当地法规和安全标准。

⑨ 维护清晰视线。沿路径保持足够的视野，以确保操作员可以清晰看到前方和周围的环境。

⑩ 适应存储系统。堆垛路径应该与使用的存储系统相适应，确保高效的存取流程。

合理的堆垛路径规划不仅关系到日常操作的效率，也直接影响到工作场所的安全性。因此，在规划这些路径时，通常需要综合考虑操作流程、货物特点、搬运设备能力以及人员安全等多个方面。

12.2　移动机器人码垛程序步骤

了解移动机器人码垛的工作原理和工艺参数后，下面进行程序设定。这通常包括确定任务（构形）、选择设备与方案（定形）、编写程序（设限）、调试优化（筑形）等内容。

① 确定任务。首先，需要明确码垛任务的具体要求，例如码垛的物品种类、数量、尺寸、重量等。这些信息将影响后续的程序设计和设备选择。

所谓构形是指根据货垛垛形和堆垛路径选择码垛开始指令类别，在弹出的编程界面中，逐项输入定义货垛垛形的行、列、层和堆垛顺序，以及存储各垛上点（位置）索引的码垛寄存器编号等资料信息，完成基于数字空间的货垛垛形构建，如图12-4所示。

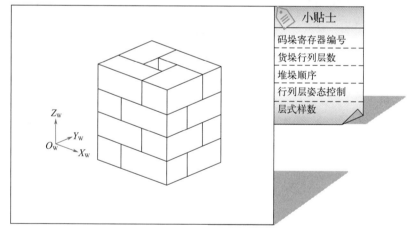

图12-4　基于数字空间的货垛垛形建构

② 选择设备。根据码垛任务的要求，选择合适的码垛设备，如机器人、自动化码垛机等。同时，需要考虑设备的负载能力、工作范围、精度等参数，以确保设备能够满足任务需求。

③ 设计方案。根据物品的特性和码垛要求，设计合适的码垛方案。这包括确定码垛层数、每层的摆放方式、码垛方向等。同时，需要考虑码垛过程中的稳定性和安全性。

所谓定形是指通过构建的数字空间中的货物堆叠形态，逐个手动引导机器人的末端执行器到达每个关键的堆叠点位置，从而实现数字空间到物理空间的映射，如图12-5所示。

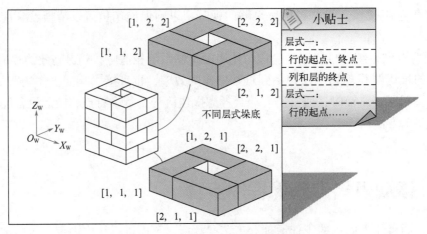

图12-5 基于数字空间的货垛垛形定位

④ 编写程序。根据码垛方案,编写相应的码垛程序。这通常包括以下几个部分。

主程序:负责控制整个码垛过程,包括初始化设备、调用子程序等。

子程序:负责实现具体的码垛操作,如抓取、移动、放置等。

传感器处理:根据传感器的反馈信息,实时调整码垛过程,确保码垛的准确性和稳定性。

异常处理:对可能出现的异常情况进行预判和处理,如物品抓取失败、设备故障等。

所谓设限是指在编程过程中根据任务设定调整堆垛的路径数和层式数量,参数设置与路径样式如图 12-6 所示。

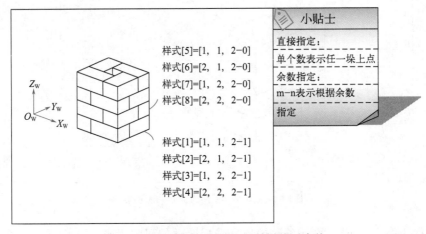

图12-6 基于数字空间的货垛运动路径样式条件

⑤ 调试优化。在编写完码垛程序后,需要进行实际的调试和优化。这包括对程序的运行速度、准确性、稳定性等方面进行测试和调整,以确保程序能够满足实际生产需求。

⑥ 程序维护和更新。在码垛程序投入使用后,需要定期进行维护和更新,以适应生产环境的变化和提高生产效率。这可能包括对程序的优化、设备参数的调整等。

所谓筑形是指根据任务设定堆垛的路径数和层式数量,按照既定程序完成机器人运动规划、物料位置设定和参考点设置,建立机器人堆码成垛的运动路径如图 12-7 所示。

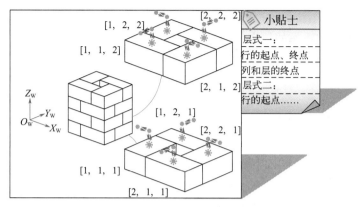

图12-7 基于数字空间的货垛运动路径设定

码垛程序编制是指为实现将物品按一定规则堆叠而进行的一系列操作流程和编程方法。通过既定任务设定程序步骤，不仅可以提高效率，减少劳动成本，而且大大提高了准确性和一致性，在减少损耗和误差的同时，也保障了技术操作的规范性。

图12-8 移动机器人码垛垛形示意图

12.3 移动机器人码垛任务编程

本节以ROS教育机器人为例，结合机械臂运动控制、视觉识别、地图构建、自主导航等功能完成两个红色物料和两个蓝色物料的2×2堆叠，其预计效果如图12-8所示。

12.3.1 编程思路

本程序主要由transport_main2.py、object_detect.py、DrawMaker.py三个Python程序实现，其中object_detect.py文件与第9章视觉引导实验中相同，这里不再赘述。DrawMaker.py程序起到在Rviz地图中设定标记点的作用（即设置抓取起点和码垛点），保障程序运行的位置需求。transport2_main.py为本实验的主程序，本程序中包含两类，第一个类为ROSNav，主要包含一些对话题color_end_pose和导航框架move_base结果处理的函数，第一个类的初始处理函数如图12-9。

```
20 class ROSNav:
21     def __init__(self):
22         rospy.on_shutdown(self.cancel)
23         self.InitialParam()
24         self.pub_CmdVel = rospy.Publisher('/cmd_vel', Twist, queue_size=10)
25         self.pub_goal = rospy.Publisher('move_base_simple/goal', PoseStamped, queue_size=1)
26         self.pub_cancel = rospy.Publisher("move_base/cancel", GoalID, queue_size=10)
27         self.sub_markerArray = rospy.Subscriber('color_end_pose', MarkerArray,
    self.getMarker_callback)
28         self.sub_goal_result = rospy.Subscriber('move_base/result', MoveBaseActionResult,
    self.goal_result_callback)
```

图12-9 第一个类的初始处理函数

第二个类为ColorTransport，主要实现码垛功能。类中函数def handle（self）用于处理物料位置信息从而校准小车的位姿，通过两个判断实现小车从抓取起点去码垛点和从码垛点返回抓取起点的功能。第二个类的初始处理函数如图12-10。

```
82 class ColorTransport:
83     def __init__(self):
84         self.ros_nav = ROSNav()
85         self.model = "Init"
86         self.i=0
87         self.arm = arm_v1servo.Arm_v1servo(ser, lower_arm_servo_reset_angle=0)
88         self.X=0
89         self.Z=0
90         self.rate=rospy.Rate(10)
91         self.vel_pub = rospy.Publisher('cmd_vel', Twist, queue_size=10)
92         self.Pose_sub = rospy.Subscriber("object_detect_pose", Pose, self.poseCallback)
93         vel=Twist()
```

图12-10　第二个类的初始处理函数

功能实现涉及的消息传递的编程模型图如图12-11所示，展示了一个消息处理系统的主要组件和它们之间的交互。

首先，有一个名为"Visualization_msgs:MarkerArray"的对象被创建并赋值给变量"marker"，用于可视化的数据结构或标记数组。名为"Color_transport"的变量被创建和初始化，它与颜色传输或转换有关。

在主流程中，首先调用了函数"draw_marker()"绘制某种标记或图形。这个函数返回了一个值，该值被赋给了"marker"变量。接下来，调用函数"geometry_msgs:Pose"，它与位置和方向信息有关。这个函数返回了一个值，该值也被赋给了"marker"变量。随后，函数"object_detectec"被调用，用于检测对象的功能。它的返回值被赋给了"color_end_pose"变量。最后，函数"订阅者"（Subscriber）被调用并传入了两个参数："color_end_pose"和"marker"，用于接收来自其他部分的信息并进行进一步处理。

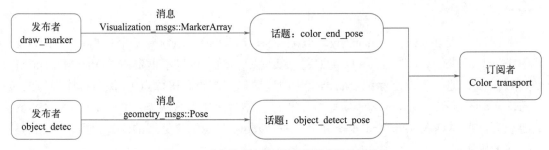

图12-11　消息传递的编程话题模型（发布/订阅）

12.3.2　启动文件

启动文件往往用于配置和启动ROS节点。若要启动ROS教育机器人码垛功能，需要执行xrobot2_ws/src/xrobot_arm/launch文件夹中的amcl.launch、color.launch、color2.launch、detect_grab.launch四个launch文件，其中amcl.launch（图12-12）主要用于机器人码垛的定位功能，包含启动AMCL节点所需的配置和参数。color.launch、color2.

launch用于启动与图像处理或颜色检测相关的节点，由于实验中使用红色物料和蓝色物料两种颜色，故有两个color文件。detect_grab.launch则用于启动与物体检测、识别和抓取相关的节点。

图12-12　amcl.launch文件

这个<node>标签是用于启动AMCL节点的。pkg="amcl"这个属性指定了节点所在的ROS包（package）的名称。type="amcl"这个属性指定了要在该包中启动的节点的类型（通常是可执行文件的名称）。name="amcl"这个属性定义了节点的名称。在ROS中，每个节点都有一个唯一的名称，用于通信和识别。respawn="false"这个属性决定了当节点退出时是否自动重启。如果设置为true，则当节点因任何原因退出时，ROS将尝试自动重启它。在这里，它被设置为false，意味着如果AMCL节点退出，它不会自动重启。

本实验的所有启动文件中以color2.launch尤为重要，在图12-13的color2.launch的启动文件中，实现码垛实验主要是通过框选处的三个节点来实现。

第一个节点是通过xrobot_arm功能包下的transport_main2.py文件来启动的，功能为实现码垛功能。

第二个节点是通过xrobot_cv功能包下的object_detect.py文件来启动的，功能为实现物料的中心坐标获取，供第一个节点使用来调整小车位姿。

图12-13　color2.launch文件

第三个节点是通过xrobot_arm功能包下的DrawMaker.py文件来启动的，功能为实现在Rviz下码垛点和物料抓取起点的标记，供第一个节点使用来获取小车的码垛点和物料抓取起点地图下位置获取。

图12-14　detect_grab.launch文件

在detect_grab.launch文件（图12-14）中，第一个节点用于启动Rviz可视化工具。pkg="rviz"指定Rviz节点所在的包是Rviz。type="rviz"指定要启动的节点类型是Rviz。name="Rviz"给这个节点命名为Rviz。required="true"所实现的是如果Rviz节点意外退出，整个launch文件也将停止运行。

第二个节点用于启动一个Python脚本detect_grab.py。pkg="xrobot_arm"指定这个Python脚本所在的包是xrobot_arm。type="detect_grab.py"指定要启动的节点类型是detect_ grab.py。name="object_detect"给这个节点命名为object_detect。required="true"如果object_detect节点意外退出，整个launch文件也将停止运行。output="screen"将节点的输出（通常是标准输出和错误输出）显示在屏幕上。

这个launch文件的主要目的是同时启动Rviz可视化工具、一个包含相机的节点以及一个物体查找的节点，该节点运行detect_grab.py脚本用于物体检测和抓取。

12.3.3　代码解析

ROS教育机器人的码垛功能涉及的源代码包含DrawMaker.py、detect_grab.py、transport_common.py与transport_main2.py。以下是其部分代码展示与功能描述。

DrawMaker.py代码具有绘制标记的功能。具体来说，它创建了一个名为DrawMarker的类，该类订阅了三个主题：transport/goal、/start_point和clicked_point。这些主题分别用于接收目标位置、起始点和点击的点的信息。

当接收到这些信息时，代码会根据不同的主题调用相应的回调函数（navgoal_callback、startpt_callback和click_pt_callback）。在这些回调函数中，代码会根据接收到的信息创建标记（Marker），并将它们添加到一个名为markerArray的MarkerArray对象中。然后，它会发布这个MarkerArray对象，以便其他节点可以看到这些标记（图12-15）。

此外，代码还包含了一个名为cancel的方法，用于在节点关闭时取消订阅主题并注销发布器。

```
#!/usr/bin/env python
# encoding: utf-8
import rospy
from numpy import *
from geometry_msgs.msg import *
from actionlib_msgs.msg import GoalID
from visualization_msgs.msg import Marker, MarkerArray
from tf.transformations import quaternion_from_euler, euler_from_quaternion

class DrawMarker:
  def __init__(self):
    rospy.on_shutdown(self.cancel)
    self.InitialParam()
    self.pub_markerArray = rospy.Publisher('color_end_pose', MarkerArray, queue_size=100)
    self.pub_cancel = rospy.Publisher("move_base/cancel", GoalID, queue_size=10)
    self.sub_navgoal = rospy.Subscriber('transport/goal', PoseStamped, self.navgoal_callback)
    self.sub_start_pt = rospy.Subscriber('/start_point', PoseWithCovarianceStamped, self.startpt_callback)
    self.sub_click_pt = rospy.Subscriber('clicked_point', PointStamped, self.click_pt_callback)

  def InitialParam(self):
    pst = PoseStamped()
    pst.pose.orientation.w = 1
    self.id = 0
    self.start_point = pst
    self.goal_result = None
    self.markerArray = MarkerArray()

    .......
```

图12-15　代码片段1

detect_grab.py实现了使用摄像头识别不同颜色物体并控制机械臂抓取的功能。它首先通过ROS订阅摄像头的图像数据，然后使用OpenCV对图像进行处理，检测出图像中的红色、蓝色和绿色物体（图12-16）。当检测到某种颜色的物体时，它会控制机械臂移动到合适的位置，然后抓取物体并将其放置到指定位置。

```python
import cv2
import numpy as np
from time import *

from cv_bridge import CvBridge, CvBridgeError
from sensor_msgs.msg import Image
from math import *
import serial
from jetarm import arm_v1servo

ser=serial.Serial(port="/dev/XCOM1",baudrate=1000000)


class ImageConverter:
    def __init__(self):
        # 创建图像缓存相关的变量
        self.cv_image = None
        self.get_image = False
        self.arm=arm_v1servo.Arm_v1servo(ser,lower_arm_servo_reset_angle=0)
        self.arm.angle_control(0,-5,-45,90,50,100)

        # 创建cv_bridge
        self.bridge = CvBridge()
        self.image_pub = rospy.Publisher("detect_image",
                        Image,
                        queue_size=1)
        self.image_sub = rospy.Subscriber("/camera/color/image_raw",
                        Image,
                        self.callback,
                        queue_size=1)

    def callback(self, data):
        # 判断当前图像是否处理完
        if not self.get_image:
            # 使用cv_bridge将ROS的图像数据转换成OpenCV的图像格式
            try:
                self.cv_image = self.bridge.imgmsg_to_cv2(data, "bgr8")
            except CvBridgeError as e:
                print (e)
            # 设置标志，表示收到图像
            self.get_image = True
    ......
```

图12-16　代码片段2

transport_common.py实现了一个名为ROSNav的类，用于控制机器人在ROS环境下进行导航和目标抓取（图12-17）。其功能包含：初始化参数，包括起始点、目标结果、传输状态等；发布目标点，将目标点发布到move_base_simple/goal话题上；订阅标记数组，从color_end_pose话题上接收MarkerArray消息，并处理回调函数getMarker_callback；订阅目标结果，从move_base/result话题上接收MoveBaseActionResult消息，并处理回调函数

goal_result_callback；发布速度指令，向 cmd_vel 话题发布 Twist 消息，控制机器人的运动；
取消操作，取消当前的目标，停止机器人运动，并注销相关话题和订阅器。

```python
#!/usr/bin/env python3
# encoding: utf-8
import rospy
import threading
from time import sleep
from geometry_msgs.msg import *
from move_base_msgs.msg import *
from sensor_msgs.msg import Image
from std_msgs.msg import Bool, Int32
from actionlib_msgs.msg import GoalID
from visualization_msgs.msg import MarkerArray

class ROSNav:
    def __init__(self):
        rospy.on_shutdown(self.cancel)
        self.InitialParam()
        self.pub_CmdVel = rospy.Publisher('/cmd_vel', Twist, queue_size=10)
        self.pub_goal = rospy.Publisher('move_base_simple/goal', PoseStamped, queue_size=1)
        self.pub_cancel = rospy.Publisher("move_base/cancel", GoalID, queue_size=10)
        self.sub_markerArray = rospy.Subscriber('color_end_pose', MarkerArray, self.getMarker_callback)
        self.sub_goal_result = rospy.Subscriber('move_base/result', MoveBaseActionResult, self.goal_result_callback)

    def InitialParam(self):
        pst = PoseStamped()
        pst.pose.orientation.w = 1
        self.start_point = pst.pose
        self.goal_result = 0
        self.Transport_status = False
        self.markerArray = MarkerArray()
        self.color_pose={}

    def PubTargetPoint(self, goal_pose):
        self.Transport_status = True
        pose = PoseStamped()
        pose.header.frame_id = 'map'
        pose.header.stamp = rospy.Time.now()
        pose.pose = goal_pose
        self.pub_goal.publish(pose)
    .....
```

图12-17　代码片段3

在此基础上，transport_main2.py 还定义了一个名为 ColorTransport 的类，用于实现颜
色物体的抓取和放置功能（图 12-18）。它的主要功能有初始化 ROSNav 对象、初始化机械
臂、订阅物体检测位置、根据输入命令选择抓取或返回模式、控制机械臂进行物体抓取和
放置与控制机器人移动到指定位置。

```python
#!/usr/bin/env python3
# encoding: utf-8
import rospy
import cv2 as cv
from time import sleep, time
from geometry_msgs.msg import *
from move_base_msgs.msg import *
from sensor_msgs.msg import Image
from std_msgs.msg import Bool, Int32
from actionlib_msgs.msg import GoalID
```

```python
from visualization_msgs.msg import MarkerArray
from jetarm.Comm import ftservo
import serial
from jetarm import arm_v1servo

ser = serial.Serial(port="/dev/XCOM1", baudrate=1000000)
#ser=serial.Serial(port="/dev/XCOM1",baudrate=1000000)

class ROSNav:
    def __init__(self):
        rospy.on_shutdown(self.cancel)
        self.InitialParam()
        self.pub_CmdVel = rospy.Publisher('/cmd_vel', Twist, queue_size=10)
        self.pub_goal = rospy.Publisher('move_base_simple/goal', PoseStamped, queue_size=1)
        self.pub_cancel = rospy.Publisher("move_base/cancel", GoalID, queue_size=10)
        self.sub_markerArray = rospy.Subscriber('color_end_pose', MarkerArray, self.getMarker_callback)
        self.sub_goal_result = rospy.Subscriber('move_base/result', MoveBaseActionResult, self.goal_result_callback)

    def InitialParam(self):
        pst = PoseStamped()
        pst.pose.orientation.w = 1
        self.start_point = pst.pose
        self.goal_result = 0
        self.Transport_status = False
        #self.grip_down =False
        self.markerArray = MarkerArray()
        self.color_pose={}
        ......
```

图12-18　代码片段4

12.3.4　功能运行

配置好启动文件、设置参数、完成路径规划后，便可以运行ROS教育机器人的码垛功能。首先，新建一个终端，输入如下指令启动机器人。

roslaunch xrobot_driver xrobot_bringup.launch

再次新建终端（记为终端1），输入以下指令启动码垛程序，同时设置码垛点和物料抓取点。抓取物料与搬运物料如图12-19所示。

roslaunch xrobot_arm color.launch

图12-19　物料的抓取与搬运

在机器人相机识别范围内放置蓝色或红色物料，终端 1 处输入 "aa" 指令，机器人默认抓取物料移动，当机器人搬运到指定终点位置时，再次在终端 1 处输入 "11" 指令，机器人默认放置被抓取物料，放置后，机器人默认回到初始位置。机器人码垛过程如图 12-20 所示，按照预设任务的功能运行结果如图 12-21 所示。

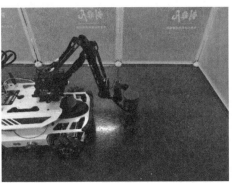

图12-20　码垛过程图

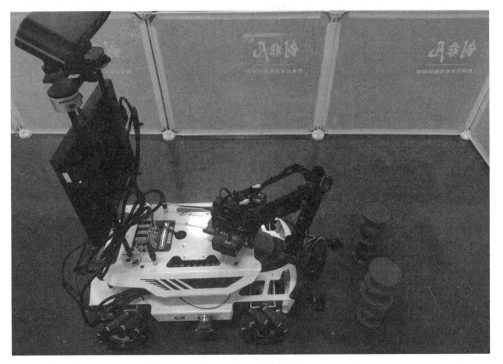

图12-21　运行结果图

12.4　本章小结

本章展现了移动机器人码垛的功能原理、工艺参数、工艺指令以及程序编制等内容。在机器人码垛综合实践中，我们应用了机械臂运动、全向运动、视觉分拣、地图构建与自主导航等知识，相信通过本章内容的学习，同学们应该对移动机器人的原理与应用有了更为充分的了解。

 知识测评

一、选择题

1. 在 ROS 中，（　　　）工具常用于 3D 可视化并辅助机器人路径规划。

A. Rviz　　　　　　　　　　B. Gazebo

C. OpenCV　　　　　　　　　D. TensorFlow

2. ROS 机器人进行视觉分拣时，（　　　）不是必要的步骤。

A. 图像采集　　　　　　　　B. 物体定位

C. 路径规划　　　　　　　　D. 语音控制

3. 在 ROS 中实现机器人运动控制，通常使用（　　　）数据结构进行节点间的通信。

A. 消息（Message）　　　　B. 服务（Service）

C. 动作（Action）　　　　　D. 话题（Topic）

4. ROS 中的 URDF 文件主要用于描述（　　　）。

A. 机器人的硬件接口　　　　B. 机器人的运动学模型

C. 机器人的传感器数据　　　D. 机器人的控制算法

5. 视觉分拣中，（　　　）ROS 包通常用于物体识别。

A. OpenCV　　　　　　　　　B. PCL（Point Cloud Library，点云库）

C. object_recognition_msgs　D. image_pipeline

二、判断题

1. ROS 中的服务（Service）是一种同步的节点间通信机制。　　　　　　（　　　）

2. Rviz 不能显示来自多个数据源的融合数据。　　　　　　　　　　　（　　　）

3. ROS 的节点可以通过话题（Topic）发布和订阅任何类型的数据。　　（　　　）

4. 在 ROS 中，所有的话题都必须有唯一的名称。　　　　　　　　　　（　　　）

5. ROS 的工作空间（workspace）是用来存放编译生成的文件的地方。　（　　　）

三、填空题

1. ROS 机器人视觉分拣码垛系统中，用于图像处理的常用库是_____。

2. 在 ROS 中，通过_____可以实现机器人运动轨迹的可视化。

3. ROS 中的_____文件用于描述机器人的硬件结构和运动学模型。

4. ROS 中节点间的通信主要通过_____和_____两种方式进行。

5. 在 ROS 中，用来存储和检索参数的系统称为_____。

参考文献

[1] 兰虎，王冬云. 工业机器人基础 [M]. 北京：机械工业出版社，2020.

[2] 兰虎，邵金均，温建明. 工业机器人编程 [M]. 第2版. 北京：机械工业出版社，2022.

[3] 兰虎，鄂世举. 工业机器人技术及应用 [M]. 第2版. 北京：机械工业出版社，2020.

[4] 兰虎，张璞乐，孔祥霞. 焊接机器人编程及应用 [M]. 第2版. 北京：机械工业出版社，2022.

[5] 崔海，兰虎，樊俊. 机器人焊接 [M]. 北京：机械工业出版社，2024.

[6] 胡春旭，ROS机器人开发实践 [M]. 北京：机械工业出版社，2018.

[7] 刘伏志，朱有鹏. ROS机器人编程零基础入门与实践 [M]. 北京：机械工业出版社，2023.

[8] 陶满礼. ROS机器人编程与SLAM算法解析指南 [M]. 北京：人民邮电出版社，2020.

[9] 陈金宝. ROS开源机器人控制基础 [M]. 上海：上海交通大学出版社，2016.

[10] 何顶新. 移动机器人原理与应用（基于ROS操作系统）[M]. 北京：清华大学出版社，2023.